Sichtbeobachtungen

vom meteorologischen Standpunkt

Von

Friedrich Löhle

Mit 45 Abbildungen

Berlin
Verlag von Julius Springer
1941

ISBN-13: 978-3-642-98434-1   e-ISBN-13: 978-3-642-99248-3
DOI: 10.1007/978-3-642-99248-3

Vorwort.

In der Physik führt sehr oft der Weg zum Verständnis einer Meßgröße über die Kenntnis des zugehörigen Meßverfahrens. Auf dem Gebiet der Sichtbeobachtungen ist die Sachlage gerade umgekehrt: Die Meßgröße, die Sichtweite, ist das Gegebene. Das liegt am Gegenstand selbst. Um die Ursprünglichkeit dieser Beobachtungsgröße in das rechte Licht zu rücken, genügt schon ein Hinweis auf die Anfänge der Seefahrt und die hier zunächst vorliegende Aufgabe, „in Sichtweite" der Küste zu segeln. An diesem Sachverhalt wird nichts geändert durch den Umstand, daß auf Grund der Fortschritte der Einzelwissenschaften die „Sicht" vom meteorologischen, physikalischen, physiologischen und psychologischen Standpunkt abgehandelt werden kann. Wenn ein Flugzeugführer von einem Meteorologen über die Sichtverhältnisse auf einer Flugstrecke beraten wird, taucht die Frage nach der Sichtweite in derselben Ursprünglichkeit auf wie in grauer Vorzeit: Gefragt wird nach der „Sicht", genauer nach der „Sichtweite", welche kennzeichnend ist für das örtlich und zeitlich veränderliche „Gesicht" des Geländes und des Luftraumes. Aufgabe der Sichtschätzung ist es, die jeweiligen Sichtverhältnisse der Beschreibung und Mitteilung in Form von Meldungen zugänglich zu machen. Über die Art und Weise der Durchführung von Sichtbeobachtungen bestehen gewisse Abmachungen und Vereinbarungen, welche in sog. Anleitungen niedergelegt sind. Auch wenn die bestehenden Vorschriften sorgfältig beachtet werden, unterlaufen bei den Sichtschätzungen unkontrollierbare zufällige, systematische und persönliche Fehler. Mehr als andere meteorologische Beobachtungen setzen Sichtschätzungen eine große Umsicht, Gewissenhaftigkeit und volle Hingabe an die Sache voraus. Eine Beschäftigung mit dem Gebiet der Sichtschätzung und Sichtmessung verhilft zu jener Vertiefung der Kenntnisse, Aufgeschlossenheit und inneren Bereitschaft, welche für die Heranbildung eines Stammes guter Beobachter unerläßlich sind. In den Dienst dieser Aufgabe will sich die vorliegende Monographie stellen.

Potsdam, den 10. Januar 1941.

F. Löhle.

1. Sicht.

Mit der Aussage: „Die Sicht ist gut“ vermag selbst der Laie einen verständlichen Sinn zu verbinden. Dazu braucht „Sicht“ nur gleich „Gesicht der Landschaft“ gesetzt zu werden. Das Gelände bietet sich dem freien Blick entweder gut konturiert, d. h. mit allen Einzelheiten, oder nur in groben Umrissen, d. h. schlecht konturiert, dar. Dementsprechend wird auch die Sicht entweder als gut oder schlecht bezeichnet. Bei der Wortbildung: Sichtweite ist gleichzeitig noch einer anderen Bedeutung des Begriffes: Sicht Rechnung getragen. „Sicht“ hängt auch mit „sichten“, gleich „ordnen“ zusammen. Bei der Bestimmung der Sichtweite werden die Gegenstände des Geländes nach ihrer Sichtbarkeit, d. h. nach der Deutlichkeit ihrer Umrisse, geordnet. Die verschiedene Sichtbarkeit eines Gegenstandes wird zahlenmäßig mit Hilfe der sog. „Sichtgrade“ erfaßt. Der Schätzung der Sichtweite geht daher stets die Feststellung des jeweiligen Sichtgrades eines Zieles voraus.

2. Sichtgrad.

Die zahlenmäßige Erfassung der Sichtbarkeit von Gegenständen läßt sich mit Hilfe von insgesamt 5 Sichtgraden bewerkstelligen (vgl. Abb. 1). Von diesen 5 Sichtgraden sind zwei äußerste Fälle von vornherein gegeben, nämlich einerseits (*Sichtgrad 1*) die Darbietung eines Gegenstandes mit mehr Einzelheiten, als zu seinem Erkennen überhaupt erforderlich sind, und andererseits (*Sichtgrad 5*) die Abhebung eines Zieles von seiner Umgebung in einer derartigen Verschwommenheit der Umrisse, daß seine Wahrnehmung in Frage gestellt ist. Die dazwischen liegenden 3 Sichtgrade unterscheiden sich in der Deutlichkeit der Umrisse der Gegenstände. Die Konturen der Ziele sind entweder gut (*Sichtgrad 2*), in gerade hinreichender Deutlichkeit (*Sichtgrad 3*) oder nur verschwommen (*Sichtgrad 4*) zu erkennen. Diese Festlegung der Sichtgrade befindet sich in Übereinstimmung mit einer 11teiligen, von Tor Bergeron [2] vorgeschlagenen Skala, in welcher sich die Sichtgrade 1 bis 7 auf die Schärfe der „Details“ beziehen. Sichtgrad 8 wird erläutert durch die Angabe: „Kontur gut bestimmbar oder deutlich“, entspricht also dem Sichtgrad 2 der 5teiligen Skala. Sichtgrad 9 — hier 3 —: „Kontur gerade noch bestimmbar.“ Sichtgrad 10 — hier 4 —: „Sichtgegenstand sehr schwach.“ Sichtgrad 11 — hier 5 —: „Sichtgegenstand verschwindet gerade.“ Einer 5teiligen Sichtgrade-Skala bediente sich auch M. Wolf (Berg [4]) auf dem Königstuhl bei Heidelberg zur Beschreibung der Sichtbarkeit der Höhen des Odenwaldes, der Haardt und des Taunus. Die 5teilige Sichtgrade-Skala nimmt eine Mittelstellung ein zwischen der von T. Bergeron vorgeschlagenen 11teiligen Skala bzw. einer von J. Maurer in Zürich benutzten 10teiligen Skala und der von dem Beobachter Hauptlehrer V. Steinhart (Schultheiss) in Höchenschwand angewandten 3teiligen bzw. einer von A. Gockel in Freiburg i. S. bevorzugten 2teiligen Sichtgrade-Skala.

3. Sichtweite.

Bei der Einführung der Sicht in den Wetterschlüssel im Jahre 1919/20 (Keil [1]) wurde die Sichtweite wie folgt festgelegt: „Horizontale Sichtweite oder Entfernung, auf welche man am Tage Gegenstände oder bei Nacht Feuer erkennen kann.“

Die verschiedenen Sichtstufen wurden nach den zwischenstaatlichen Beschlüssen[1] mit Hilfe des Kriteriums der „Nichtsichtbarkeit“ von Sichtmarken in folgender Weise erklärt:

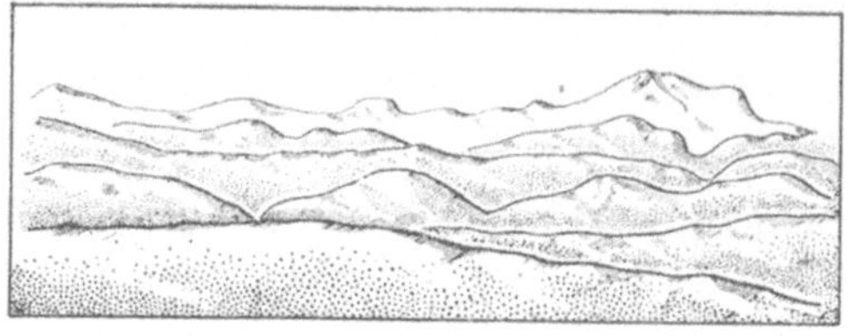
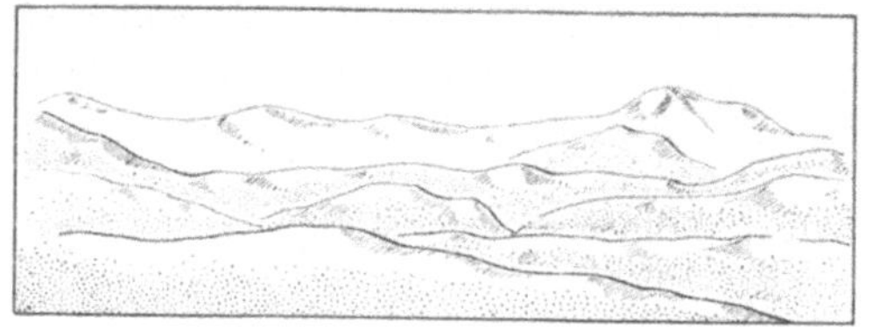
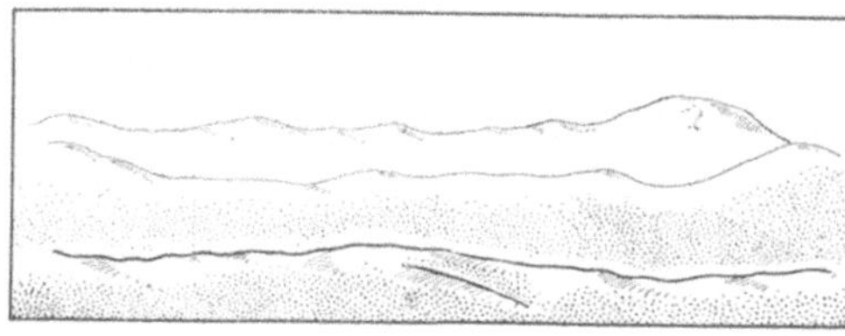
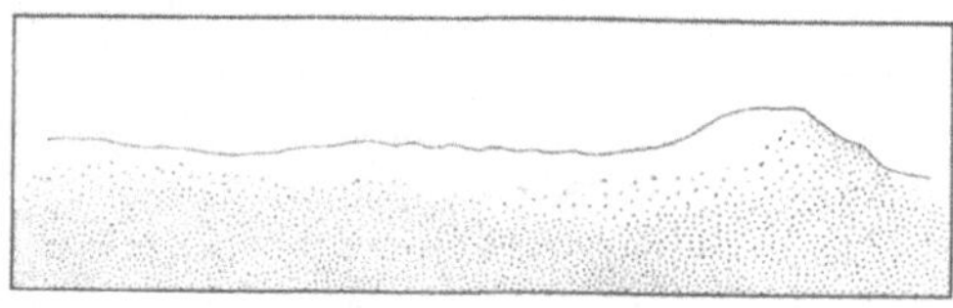
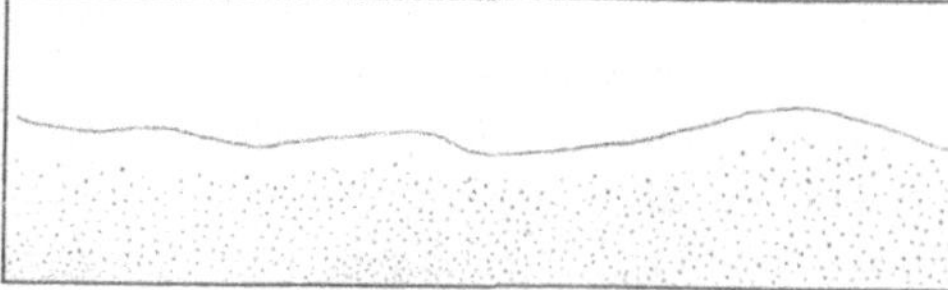

Abb. 1. Ansicht des Wettersteingebirges mit Zugspitze in fünf verschiedenen Sichtgraden (1—5 = Sichtgrad 1 bis 5) vom Wetterflugzeug aus in 1000 m ü. Gr. über dem Starnberger See.

0 = Sichtmarken nicht sichtbar in   50 m Entfernung,
1 =   „   „   „   „ 200 „   „   usw.

Ausschlaggebend für die Einführung dieses Unterscheidungsmerkmals war die Überlegung, daß die Feststellung: „nicht sichtbar“ zu keinerlei

---

[1] Report of Proceedings Eleventh ordinary meeting, Int. Meteorol. Committee, London 1921, S. 89, London 1922.

Meinungsverschiedenheit bei den einzelnen Beobachtern führen könne, während die Forderung: „noch deutlich sichtbar" oder „noch sichtbar" Zweifel bezüglich ihrer Klarheit und Bestimmtheit aufkommen lasse.

In Deutschland wurde an einer hiervon abweichenden Praxis[1] festgehalten. Danach haben die Sichtziffern folgende Bedeutung:

0 = Sichtmarke nicht sichtbar in 50 m Entfernung,
1 = Sichtmarken sichtbar in 50 m Entfernung,
      „   nicht sichtbar in 200 m Entfernung.

Danach gibt die jeweilige Sichtstufe einen Bereich von Entfernungen an, innerhalb dessen Gegenstände sichtbar sind. Was mit „sichtbar" gemeint ist, bedarf der näheren Erklärung. Diese läßt sich bewerkstelligen mit Hilfe der Unterscheidung verschiedener Sichtgrade. Demgemäß heißt: „Sichtmarken sichtbar in 50 m Entfernung" soviel wie: „Sichtmarken in 50 m Entfernung bieten sich mit dem Sichtgrad 3 dar." Die Horizontalsichtweite des Flugwetterdienstes ist also diejenige Entfernung, in welcher Gegenstände im Sichtgrad 3 erscheinen.

Die dem Sichtgrad 5 zugeordnete Entfernung soll davon als photometrische Sichtweite unterschieden werden. Die photometrische Sichtweite ist diejenige Entfernung, in welcher der relative Helligkeitsunterschied zwischen Ziel und Umgebung eine vorgegebene kleine Größe ε, die relative Unterschiedsschwelle des Auges, erreicht. ε wird zweckmäßig zu 2% festgesetzt, d. h. der Helligkeitsunterschied zwischen Ziel und Umgebung muß bei Adaptation des Auges an die Tagesbeleuchtung den bei photometrischen Arbeiten im Dunkelraum gefundenen Mittelwert von 1% überschreiten, damit der Gegenstand als konturloser Fleck gerade noch wahrgenommen werden kann.

Der theoretische Größtwert der Sichtweite, der für $\varepsilon \to 1\%$ unter günstigen Beobachtungsumständen gerade noch erreicht, aber nicht überboten werden kann, wird mit „Grenzsichtweite" bezeichnet.

4. Unterschiedsschwelle.

Bei gegebenen äußeren Beobachtungsbedingungen ist das Ergebnis der Sichtschätzung lediglich abhängig von der Leistungsfähigkeit des Auges. Die Sehtüchtigkeit eines Beobachters wird maßgeblich bestimmt durch die Empfindlichkeit des Auges gegenüber Helligkeits- und Farbunterschieden, durch das Auflösungsvermögen und die Übung. Von diesen drei Faktoren ist das Auflösungsvermögen der Überprüfung durch Bestimmung der Sehschärfe leicht zugänglich; der Grad der Übung läßt

---

[1] Funkwetter der Deutschen Seewarte. 5. Aufl., Hamburg 1923; vgl.: Wetterschlüssel für Hauptmeldestellen, herausgeg. vom Reichsluftfahrtministerium, Berlin 1937, Teil I, Ausgabe B.

sich feststellen an Hand der Beobachtungsergebnisse. Lediglich die
Empfindlichkeit des Auges gegenüber Helligkeits- und Farbunterschieden im Gelände bereitet der zahlenmäßigen Erfassung Schwierig-
keiten (SCHRÖDINGER). Unter den vereinfachten Beobachtungsbedingungen des Laboratoriums ist allerdings auch dieser Faktor der exakten
Messung zu unterwerfen. Das Ergebnis der einschlägigen Laboratoriums-
arbeiten ist bekanntlich das psychophysische Fundamentalgesetz. Seine
Formulierung geht auf WEBER und FECHNER zurück. Um die Festlegung der Grenzen seiner Gültigkeit haben sich H. v. HELMHOLTZ und
A. KÖNIG verdient gemacht.

Der geringste, eben noch merkliche Reizunterschied wird als Unterschiedsschwelle bezeichnet. Nach dem WEBER-FECHNERschen Gesetz
ist dieser Schwellenwert innerhalb eines gewissen Bereiches mittlerer
Helligkeiten ein bestimmter Bruchteil der jeweiligen mittleren Reiz-
stärke, m. a. W.: Die relative Unterschiedsschwelle ist eine Konstante.
Das psychophysische Fundamentalgesetz gilt allerdings nur unter gewissen, im Laboratorium herstellbaren Beobachtungsbedingungen. Wenn
von dem vorausgesetzten mittleren Helligkeitsbereich abgegangen, die
Adaptation des Auges durch zusätzliche räumliche Beleuchtung, wie
z. B. im Freien, gestört wird und die kontrastierenden Felder bezüglich
Größe, Form und Schärfe der Konturen gewisse günstigste Werte unter-
oder überschreiten, treten beträchtliche Abweichungen vom WEBER-
FECHNERschen Gesetz auf. Diese Unregelmäßigkeiten verdienen im
Zusammenhang mit den besonderen, bei der Sichtschätzung vorliegenden Beobachtungsbedingungen eingehende Beachtung. Die mannigfachen Unterschiede in Beleuchtung, Farbe, Form, Größe und Struktur
der Sichtgegenstände und die unberechenbaren Schwankungen der Empfindlichkeit des Auges infolge ungenügender Adaptation an das mit der
Blickrichtung und der Bewölkung wechselnde Vorderlicht sind allerdings zahlenmäßig kaum erfaßbar. Außerdem ist die jeweilige Adapta-
tionsfähigkeit des Auges eine individuelle Größe.

Um diesen Umständen Rechnung zu tragen, führte E. GOLDBERG
die bei Betrachtung von Naturgegenständen wirksame ,,praktische
Unterschiedsschwelle" ein. Nur im Falle von großen, gleichmäßig hellen
Vergleichsflächen und bei einer Beleuchtung von der Größenordnung
einiger tausend Lux erreicht die praktische Unterschiedsschwelle den
im Laboratorium gefundenen Mittelwert der relativen Unterschiedsschwelle von 1%. Schon Zulassung von Struktur auf einer Fläche und
Herabsetzung der Beleuchtungsstärke führt zu einer Erhöhung der
praktischen Unterschiedsschwelle auf 2 bis 5%. Wird die Wahrnehmung
von Einzelheiten gefordert, die im Schatten liegen, muß mit einer praktischen Unterschiedsschwelle von 20 bis 30% gerechnet werden. Für
das Erkennen von Sichtmarken, welche im Sichtgrad 3 erscheinen, wird

vermutlich eine mittlere praktische Unterschiedsschwelle von 10% vollauf genügen (LÖHLE [10], MECKE [2]).

Wegen der großen Unterschiede in der Helligkeit des Horizontes bei bewölktem Himmel werden Schätzungen der Sichtweite, welchen der Kontrast der Gegenstände gegen den Horizont zugrunde liegt, besonders stark in Mitleidenschaft gezogen. Mit den genannten Schwankungen der „praktischen Unterschiedsschwelle" ist bei einem von T. BERGERON [2] vorgeschlagenen Beobachtungsverfahren weniger zu rechnen. Danach wird als Sichtweite diejenige Entfernung angegeben, in welcher Einzelheiten von Laub- bzw. Nadelwäldern gerade noch erkannt werden. Das Kriterium der Erkennbarkeit von Einzelheiten an Bäumen oder Sträuchern öffnet aber der persönlichen Auffassung noch mehr Tür und Tor als die Beurteilung der Sichtbarkeit von Gegenständen mit Hilfe von Sichtgraden. Auf diesen Umstand ist wohl die ablehnende Haltung der Beobachter gegenüber dem Vorschlag von T. BERGERON zurückzuführen.

Es hat nicht an Versuchen gefehlt, das Verfahren der Sichtweite-Schätzung mit Hilfe von Sichtgraden zu umgehen; am Flughafen von Helsinki wurde von einem Beobachter (einem Seekapitän) jeweils angegeben, wieviel Prozent der überhaupt zur Verfügung stehenden 22 Sichtmarken in 0,6 bis 8,6 km Entfernung sichtbar waren (NURMINEN).

Auf die Beurteilung der Sichtbarkeit eines Signales ist die Aufmerksamkeit des Führers eines Verkehrsmittels von ausschlaggebender Bedeutung. Diese psychischen Faktoren bleiben in diesem Zusammenhang außer Betracht. Ebensowenig finden die bei Nachtblindheit, Farbenuntüchtigkeit und Fehlsichtigkeit auftretenden Störungen Berücksichtigung (LOSSAGK).

5. Sichtskala.

Zur Schätzung der Sichtweite benutzt der Meteorologe seit langem eine sog. Sichtskala (LÖHLE [15]). Die Sichtskala schließt die jeweilige Sichtweite in gewisse Stufen ein. Dadurch trägt sie von vornherein der Unsicherheit der Sichtschätzungen und der Eigenart der Augenbeobachtungen Rechnung. Nur selten liegt ein Gegenstand im Gelände zufällig in Sichtweite. Meist muß der Beobachter auf Grund des allgemeinen Eindrucks der Landschaft unter Heranziehung von Erinnerungsbildern die Sichtweite erraten.

Die zur Zeit gültige internationale Skala ist aus der deutschen und englischen Sichtskala hervorgegangen. Die genannten Skalen lassen sich leicht auf einen gemeinsamen Nenner bringen. Zu diesem Zweck brauchen nur die für Nebel geltenden unteren Stufen der drei Sichtskalen vom Vergleich ausgeschlossen zu werden. Die Sichtstufen unter

1 km nehmen schon deshalb gegenüber den mittleren und guten Sichtweiten[1] (KRÜGLER) eine Sonderstellung ein, weil bei Nebel die sonst im Landschaftsbild vorhandenen Anhaltspunkte dem freien Blick weitgehend entzogen sind. Durch Zusammenlegen der Stufen H und I bzw. K und L der englischen Skala bzw. der Stufen 5 und 6 der deutschen Skala unter gleichzeitiger Herabsetzung der oberen Schranke von 12 auf 10 km kann die deutsche und englische Skala in die internationale Sichtskala übergeführt werden (vgl. Tabelle 1).

Tabelle 1. **Entwicklung der internationalen Sichtskala aus der älteren deutschen und englischen Skala.**

Deutsche Skala		Englische Skala		Internationale Skala	
Stufe	Bereich km	Stufe	Bereich km	Stufe	Bereich km
3	1— 2	F	1— 2	4	1— 2
4	2— 4	G	2— 4	5	2— 4
5	4— 7	H	4— 7		
6	7—12	I	7—10	6	4—10
7	12—20	J	10—20	7	10—20
8	20—50	K	20—30	8	20—50
9	> 50	L	30—50	9	> 50
		M	> 50		

6. Sichtstufenformel.

Die den verschiedenen Sichtstufen entsprechenden mittleren Sichtweiten werden erhalten durch Bildung des geometrischen Mittels aus der jeweiligen unteren und oberen Grenze des zugehörigen Sichtweitenintervalls (vgl. Tabelle 2). Für die Umrechnung von einer Sichtstufe N in die zugeordnete mittlere Sichtweite s_m (in Meter) gilt die folgende Näherungsformel:

$$(1) \qquad s_m = 66 \cdot 2{,}14^N$$
$$\text{bzw.} \quad N = 3{,}0 \log s_m - 5{,}5.$$

Die von R. M. POULTER vorgeschlagene, von der unteren Grenze s_u des jeweiligen Intervalls ausgehende Formel weicht hiervon nur unwesentlich ab:

$$(2) \qquad s_u = 50 \cdot 2{,}1^N$$
$$\text{bzw.} \quad N = 3{,}1 \log s_u - 5{,}27.$$

---

[1] Mit mittleren Sichtweiten sind die Entfernungen 1 bis 4 km, mit guten Sichtweiten diejenigen größer als 4 km gemeint, entsprechend einer im Flugwetterdienst früher gebräuchlichen Einteilung. Neuerdings wird die Gleichsetzung:

Flugsicht: < 1 km = Nebelsicht,
    ,,   1 bis 4 ,, = mäßige Sicht,
    ,,   4 ,, 10 ,, = mittlere Sicht,
    ,,   > 10 ,, = gute Sicht

bevorzugt.

Tabelle 2. Mittlere Sichtweiten zu den Bereichen der internationalen Sichtskala.

Stufe	Untere Grenze m	Obere Grenze m	Geometrisches Mittel m	$s_m = 66 \cdot 2{,}14^N$	Mittlere Sichtweite m
0	0	50	22,4	66	70
1	50	200	100	141	140
2	200	500	316	304	300
3	500	1000	704	650	650
4	1000	2000	1415	1387	1400
5	2000	4000	2830	2970	3000
6	4000	10000	6330	6410	6500
7	10000	20000	14150	13680	14000
8	20000	50000	31600	29400	30000
9		>50000	63300	63100	63000

Die Kennzeichnung der Sichtverhältnisse mit Hilfe einer Stufe der internationalen Sichtskala gibt von dem jeweiligen Zustand der atmosphärischen Trübung nur ein grobes Bild. Die Präzisierung der Sichtschätzung durch Überwachung des Luftraumes von günstig gelegenen Beobachtungsstationen aus läßt den Wunsch nach einer verfeinerten Sichtskala aufkommen. Eine solche steht in der von W. D. LAING in Schottland benutzten 25teiligen Sichtskala bereits zur Verfügung (WHIPPLE). Die unteren Grenzen s_u der einzelnen Intervalle gehorchen der Formel:

$$(3) \qquad s_u = 318 \cdot 1{,}33^N$$

$$\text{bzw.} \quad N = 8{,}07 \log s_u - 20{,}15 .$$

Ersetzt man den Faktor 1,33 durch die Basis $e/2 = 1{,}36$, so ergibt sich eine Skala mit 30 Stufen in dem Bereich von 0 bis 600 km, welche zu der folgenden einfachen Sichtstufenformel führt:

$$(4) \qquad s_u = 50 \, (e/2)^N$$

$$\text{bzw.} \quad N = 7{,}5 \log s_u - 12{,}75 .$$

Streicht man in dieser verfeinerten Sichtskala die ungeraden Stufen, so kommt man zu einer 15teiligen Sichtskala, welche den weniger großen Ansprüchen im praktischen Wetterdienst genügt, im Bereich mittlerer und guter Sichtweiten nahezu mit der internationalen Sichtskala zusammenfällt, im Bereich der Nebelsichtweiten aber zwei Stufen mehr enthält.

Die Unsicherheit der Sichtschätzungen kommt zum Ausdruck in der Größe der Stufen. Ein in Sichtweite hin und her bewegtes Ziel kann nicht in einer eindeutigen, bestimmten Entfernung als eben merklich angesprochen werden; es liegt vielmehr innerhalb eines ganzen Bereiches von Entfernungen an der Schwelle. Maßgeblich für die Größe dieses Bereiches ist die Empfindlichkeit des Auges gegen Helligkeits- und Farbenunterschiede. Bei Beschränkung auf die Helligkeitsunterschiede allein kann als Maßzahl für die Augenempfindlichkeit die relative Unterschiedsschwelle ε für Helligkeiten gesetzt werden. Sie wird definiert als der kleinste, der Wahrnehmung gerade noch zugängliche relative Helligkeitsunterschied zwischen der scheinbaren Leuchtdichte H_z eines Zieles und derjenigen H_u seiner Umgebung:

$$\varepsilon = \frac{H_z - H_u}{H_u}. \qquad \begin{array}{l} \varepsilon > 0 \ \ \text{für} \ \ H_z > H_u \\ \varepsilon < 0 \ \ \text{für} \ \ H_z < H_u \end{array}$$

Die Empfindlichkeit des Auges gegenüber Helligkeitsunterschieden ist weitgehend abhängig von seiner Gewöhnung (Adaptation) an die jeweiligen Beleuchtungsverhältnisse. Blendung durch direktes Sonnenlicht setzt die Empfindlichkeit sprunghaft herab. Die unvermeidlichen Schwankungen von ε haben die bekannte Unsicherheit der Sichtschätzungen im Gefolge. Die bei Sichtschätzungen und Wiederholung der Beobachtungen vorkommenden Streuungen der Sichtweiten liefern daher wertvolle Anhaltspunkte für die Größe der Schwankungen von ε.

Die für die Sichtweite eines schwarzen Zieles gültige Formel (KOSCHMIEDER [1], MIDDLETON [1]):

$$(5) \qquad s = \frac{1}{a_0} \ln \frac{1}{\varepsilon_{\min}},$$

wo s die Sichtweite, a_0 den mittleren Zerstreuungskoeffizienten in der Horizontalen und $\varepsilon_{\min}$ einen vorgegebenen, günstigen Wert der relativen Unterschiedsschwelle bedeuten, führt auf die folgende Fehlergleichung:

$$(6) \qquad \frac{d\varepsilon}{\varepsilon} = -\ln \frac{1}{\varepsilon_{\min}} \cdot \frac{ds}{s}.$$

Danach kann aus einer in Prozent ausgedrückten Unsicherheit ds/s der Sichtschätzung auf die prozentische Schwankung von ε geschlossen werden.

Aus einer von O. TETENS vorgeschlagenen Sichtskala folgt ein Verhältnis s_{n+1}/s_n aufeinanderfolgender Intervallgrenzen von $e = 2{,}718$ (Basis der natürlichen Logarithmen). In der internationalen Sichtskala ist das genannte Verhältnis gleich rund 2,20 gesetzt. Die Verdoppelung der Stufenzahl führt auf einen Faktor von 1,47. Die natürliche Sichtskala arbeitet mit einem Faktor $e/2 = 1{,}36$. Einer von W. D. LAING (WHIPPLE) in Nairn (Schottland) erprobten Sichtskala liegt ein Verhältnis von 1,33 zugrunde. Läßt man bei der Schätzung der Sichtweite eine Unsicherheit bis zur Größe eines Intervalls zu, so ergeben sich die größtmöglichen Fehler aus

$$\frac{ds}{s} = \frac{s_{n+1} - s_n}{s_n}$$

zu 1,718 bzw. 1,20 bzw. 0,47 bzw. 0,36 bzw. 0,33 bezogen auf die genannten Sichtskalen. Die daraus berechneten Schwankungen der relativen Unterschiedsschwelle ε sind in der folgenden Tabelle 3 zusammengestellt. Die unter „Mittelwerte" aufgeführten Größen gehorchen der Beziehung:

$$\frac{d\varepsilon}{\varepsilon} = -\ln\frac{\mathrm{i}}{\varepsilon_{\mathrm{mitt}}}\cdot\frac{ds}{s}.$$

Tabelle 3. Schwankungen der relativen Unterschiedsschwelle ε, berechnet aus Fehlern der Sichtweiteschätzung von der Größe eines Intervalls der jeweiligen Sichtskala.

	Sichtskala von TETENS	Internationale Sichtskala	Sichtskala doppelter Stufenzahl	Natürl'che Sichtskala	Sichtskala von LAING
s_{n+1}/s_n · ·	2,718	2,20	1,47	1,36	1,33
$\varepsilon_{\min} = 0,01$	$0,01 < \varepsilon < 0,079$	$0,01 < \varepsilon < 0,055$	$0,01 < \varepsilon < 0,022$	$0,01 < \varepsilon < 0,0165$	$0,01 < \varepsilon < 0,015$
Mittelwerte	0,051	0,039	0,019	0,015	0,014

Die bei zweistündlichen Sichtschätzungen erhaltene große Streuung der geschätzten Sichtweiten hat O. TETENS zur Benutzung einer groben Sichtskala mit dem Verhältnis $s_{n+1}/s_n = e = 2,718$ gleich der Basis der natürlichen Logarithmen veranlaßt. Die verfeinerte Sichtskala von LAING beansprucht andererseits das Schätzungsvermögen eines Beobachters bis zur Grenze seiner Leistungsfähigkeit. Diese Skala ist daher nur am Platze unter Beobachtungsbedingungen, die hinsichtlich der Lage der Ziele und ihrer Einheitlichkeit in bezug auf Albedo, scheinbare Größe und Form den bekannten Anforderungen entsprechen (vgl. Tabelle 4).

Die am Rand von Städten liegenden Wetterwarten verfügen im allgemeinen nur über eine beschränkte Zahl von meist nicht einmal geeigneten Zielen. Den hier vorliegenden schlechten Beobachtungsumständen ist die internationale Sichtskala angepaßt. Stationen, die durch eine bevorzugte Lage ausgezeichnet sind, sollten dagegen die Benutzung einer verfeinerten Sichtskala anstreben. Eine von der Sichtstufenformel

$$s_u = 50\cdot\left(\frac{e}{2}\right)^n$$

— s_u = untere Grenze der $n$ten Stufe, $e = 2,718$ — ausgehende Sichtskala wird den Forderungen der Theorie und Praxis in gleicher Weise gerecht. Im Hinblick auf ihre Grundlegung durch die Basis e der natürlichen Logarithmen und wegen der Beanspruchung der Leistungsfähigkeit des Auges bis zu den von der Natur gezogenen Grenzen verdient diese Skala in doppeltem Sinne die Bezeichnung: natürliche Sichtskala. Sie unterscheidet sich von der Sichtskala von LAING durch eine rund doppelte Stufenzahl im Bereich der geringen Sichtweiten bis 1 km

Tabelle 4. Vergleich der natürlichen Sichtskala mit den bekannten Sichtskalen.

Internationale Sichtskala		Sichtskala doppelter Stufenzahl		Sichtskala von TETENS		Sichtskala von LAING		$s_u = 50 \cdot (e/2)^{12}$		Natürliche Sichtskala		Grobe natürliche Sichtskala	
Stufe N	Bereich km	Stufe N	Bereich km	Stufe N	Bereich km	Stufe N	Bereich km	Stufe N	Bereich km	Stufe N	Bereich km	Stufe N	Bereich km
0	,000—,050			0	,000—,050			0	,000—,050	0	,000—,050	0	,000—,050
								1	—,069	1	—,075		
								2	—,093	2	—,100	2	—,100
				1	—,135	0	,000—,150	3	—,126	3	—,125		
1	—,200							4	—,172	4	—,175	4	—,175
								5	—,234	5	—,225		
				2	—,368	1	—,300	6	—,318	6	—,300	6	—,300
2	—,500							7	—,430	7	—,450		
						2	—,600	8	—,588	8	—,600	8	—,600
						3	—,900	9	—,799	9	—.800		
3	—1,			3	—1,000	4	—1,20	10	—1,09	10	—1,1	10	—1,1
		1	1,000—1,480			5	—1,69	11	—1,48	11	—1,5		
4	—2,	2	—2,190			10	—2,25	12	—2,00	12	—2,0	12	—2,0
		3	—3,240	4	—2,720	15	—3,00	13	—2,72	13	—3,		
5	—4,					20	—4,00	14	—3,70	14	—4,	14	—4,
		4	—4,790			25	—5,34	15	—5,00	15	—5,		
		5	—7,080	5	—7,34	30	—7,1	16	—6,85	16	—7,	16	—7,
6	—10,	6	—10,050			35	—9.5	17	—9,3	17	—9,		
						40	—12,7	18	—12,65	18	—13.	18	—13,
		7	—15,5	6	—20,1	45	—16,9	19	—17,20	19	—17,		
7	—20,	8	—22,9			50	—22,5	20	—23,4	20	—23,	20	—23,
		9	—33,9			55	—30,0	21	—31,8	21	—32,		
						60	—40,0	22	—43,25	22	—43,	22	—43,
8	—50,	10	—50,2	7	—54,6	65	—53,4	23	—58,85	23	—60,		
						70	—71,	24	—79,95	24	—80,	24	—80,
						75	—95,	25	—108,75	25	—110,		
9	>50			8	—148,4	80	—127,	26	—147,95	26	—150,	26	—150,
						85	—169,	27	—200,1	27	—200,		
						90	—225,	28	—272,	28	—275,	28	—275,
				9	—403,	95	—300,	29	—370,	29	—375,		
						100	—400,	30	—500,	30	—500,	30	—500,

(vgl. Tabelle 4). Damit entspricht sie dem vom Flugwetterdienst schon seit langem geäußerten Wunsch nach einer genaueren Erfassung der Nebel-Sichtweiten.

Die Auslassung der ungeraden Stufen macht die natürliche Sichtskala auch für weniger günstig gelegene Stationen brauchbar. Im Bereich mittlerer und guter Sichtweiten weicht diese grobe natürliche Sichtskala nur unerheblich von der internationalen Sichtskala ab. Im Bereich der Sichtweiten zwischen 0,05 und 1,00 km enthält die grobe natürliche Sichtskala aber 2 Stufen mehr als die internationale Skala. Praktisch wichtig für alle schnellen Verkehrsmittel ist die genaue Kennzeichnung der Sichtverhältnisse bei gewissen Wetterlagen, wie z. B. bei Regen, Schneefall, Hagel- oder Graupelschauer und bei Wolken geringer Höhe über Grund. Dieser Forderung trägt die natürliche Sichtskala Rechnung durch die Unterteilung des Sichtweitenbereiches zwischen 0,05 und 1,00 km in 11 bzw. 6 Intervalle gegenüber einer Aufteilung in nur 4 Stufen bei der internationalen Skala (vgl. Tabelle 4).

Abschließend kann festgestellt werden:

1. Die internationale Sichtskala nutzt die Leistungsfähigkeit des Auges nicht voll aus.

2. Unter günstigen Beobachtungsbedingungen kann die photometrische Sichtweite noch geschätzt werden.

3. Bei Benutzung von bewaldeten Höhen als Sichtmarken arbeitet das Auge mit einer relativen Unterschiedsschwelle von rund 1,5%.

4. Eine relative Unterschiedsschwelle von 4 bis 5% gewährleistet eine Wahrnehmung der Sichtmarken in einer derartigen Deutlichkeit und Schärfe der Umrisse, daß die Zweckbestimmung der Gegenstände erkannt werden kann.

Die Aufgabe, die Genauigkeit der Sichtschätzungen zu erhöhen, wird damit zurückgeführt auf eine sorgfältige Auswahl zweckentsprechender Sichtmarken.

7. Sichtmarken.

An die Sichtmarken wird die Forderung der Einheitlichkeit bezüglich ihrer scheinbaren Größe (Sehwinkel, Albedo, Farbe und Form) gestellt. Die fast durchweg am Stadtrand gelegenen Wetterwarten müssen sich meist mit verschiedenartigen Zielen begnügen. Dadurch schleichen sich merkliche Fehler in die Sichtschätzungen ein. Außerdem liegen die Ziele nur selten zufällig in Sichtweite. In derartigen Fällen läuft die Sichtschätzung auf ein Erraten der Sichtweite auf Grund des allgemeinen Eindrucks des Landschaftsbildes hinaus.

Unter diesen Umständen empfiehlt sich die Vereinfachung des Beobachtungsverfahrens. Anzustreben ist eine schriftliche Fixierung des Augenscheins selbst. Für diesen Zweck eignet sich eine graphische Über-

12 Sichtmarken.

sicht über sämtliche Ziele in Form eines Polardiagramms. Aufgabe des
Beobachters ist die Eintragung eines Vermerks bezüglich des Grades
der Sichtbarkeit bei jedem einzelnen Ziel. Die Kennzeichnung der
Deutlichkeit der Konturen wird mit Hilfe der schon genannten 5 Sichtgrade bewerkstelligt. Dadurch wird der Beobachter von der Festlegung
der mittleren Sichtweite während der Beobachtung entlastet und der
dabei unvermeidlichen Willkür enthoben. Seine Aufgabe beschränkt
sich auf die Feststellung der nackten Beobachtungstatsachen.

Die Auswertung der Polardiagramme bleibt einer späteren Bearbeitung vorbehalten. Der Einzeichnung des Sichthorizontes werden zweckmäßig gleichartige Ziele zugrunde gelegt. Die Sichthorizonte verschiedener Sichtmarken, wie z. B. von bewaldeten Höhen, Schornsteinen,
Wasser- und Aussichtstürmen, Funktürmen usw., werden voneinander
abweichen; trotzdem bieten sie aber eine brauchbare Handhabe für die
Ermittlung des mittleren Sichthorizontes. Dieser bildet den Ausgangspunkt für die Bestimmung der mittleren Sichtweite, für die Untersuchung des Einflusses von Störungsquellen (Industriegelände, Großstädte) auf die Gleichverteilung des Dunstes, für die Ausmerzung der
durch die wechselnden Beleuchtungsverhältnisse verursachten Fehl-
schätzungen, für die Ermittlung der azimutalen Verschiedenheit der
Sichtweite auf Grund der örtlichen Bodenbedeckung, der Wind- und
Feuchtigkeitsverhältnisse und für die Aufdeckung des Zusammenhanges
zwischen Luftmasse und Sichtweite.

In Ermangelung einer genügenden Anzahl von Sichtmarken sind
die weniger günstig gelegenen Wetterwarten gezwungen, jedes überhaupt im Landschaftsbild vorhandene Ziel ohne Rücksicht auf seine
scheinbare Größe und seine Form für die Zwecke der Sichtschätzung
heranzuziehen. Dabei pflegt eine beachtenswerte Fehlerquelle, die Aufhellung kleiner Ziele infolge Beugung des Lichtes am Rand derselben,
vernachlässigt zu werden. Wie die Rechnung ergibt (LÖHLE [13]), erreicht die Aufhellung der Lichtbeugung bei einem 2 km entfernten
Schornstein oder Turm von rund 3 m Durchmesser bereits die Größenordnung von 10 % der Horizonthelligkeit in der Blickrichtung. Der
jeweilige Prozentsatz der Horizonthelligkeit, der zur Aufhellung durch
Lichtbeugung beiträgt, ist lediglich eine Funktion des halben scheinbaren Sehwinkels ω_0 des Zieles und des in Winkelmaß gemessenen Radius ϱ_0 eines Beugungskreises, dessen Größe durch die Bedingung festgelegt werden kann, daß die Helligkeit des gebeugten Lichtes an seinem
geometrischen Rand nur noch den Bruchteil γ der Horizonthelligkeit i_g
im Azimut α der Blickrichtung ausmachen soll. Demgemäß ergibt sich
die Aufhellung kleiner Ziele h_A durch Lichtbeugung zu:

$$(7) \qquad h_\lambda = i_g(\alpha) \left(e^{-\frac{\omega_0^2}{\varrho_0^2} \ln \frac{1}{\gamma}} - \gamma \right).$$

Infolge dieser Aufhellung h_α erscheinen kleine Ziele, d. h. Ziele von einem Sehwinkel kleiner als $1°$ in einem schlechteren Sichtgrad als hinreichend große Ziele. ($1°$ entspricht der Größe eines Zieles von 175 m Durchmesser in 10 km Entfernung.)

Strichförmige Sichtmarken, welche sich unter einem Sehwinkel kleiner als 6' darbieten, nehmen eine Sonderstellung ein, insofern sich bei so kleinen Objekten bereits die fehlerhafte Abbildung der Augenlinse in Zerstreuungskreisen geltend macht (LAPICQUE). Zu den strichförmigen Objekten gehört z. B. schon ein Schornstein von 3 m Durchmesser in Entfernungen größer als 2 km. Derartige Gegenstände sind zwar gegen den freien Horizont noch unter sehr viel kleineren Sehwinkeln sichtbar. wie z. B. die Wahrnehmung von rund 3 mm dicken Telegraphendrähten bis zu Entfernungen von fast 300 m entsprechend einem Sehwinkel von nur rund 2 Bogensekunden zeigt. Mit Verkleinerung des Sehwinkels wird in der Bildmitte mehr und mehr Licht zu- bzw. weggestrahlt, je nachdem es sich um ein schwarzes oder leuchtendes Ziel handelt. Dadurch wird die bei hinreichend großen Sichtmarken gültige Proportionalität zwischen Leuchtdichte des Objektes und Leuchtdichte des Netzhautbildes außer Kraft gesetzt. Im Fall einer strichförmigen, gegen den Horizont kontrastierenden schwarzen Sichtmarke von nur 2 Bogensekunden Sehwinkel wird z. B. im Netzhautbild von der abgebildeten Horizonthelligkeit so viel Licht zur Bildmitte zugestrahlt, daß der Bildkontrast γ auf rund 2% des Objektkontrastes γ_0 herabgedrückt wird.

Sei h_ω die Leuchtdichte einer Sichtmarke, i_g die Horizonthelligkeit. so wird der Objektkontrast γ_0 ohne Berücksichtigung der atmosphärischen Verhältnisse und der Kontrast γ_{0L} unter Einbeziehung des Luftlichtes h_s und der Lichtschwächung nach Maßgabe des mittleren Zerstreuungskoeffizienten a_0 auf dem Wege l vom Beobachter zum Ziel dargestellt durch die Formeln (KOSCHMIEDER [1]):

$$(8) \qquad \gamma_0 = \frac{h_\omega - i_g}{i_g}. \qquad\qquad \gamma_{0L} = \frac{h_\omega\, e^{-a_0 l} + h_s - i_g}{i_g}.$$

$$(9) \qquad \gamma_{0L} = \gamma_0\, e^{a_0 l}. \qquad \text{da} \qquad h_s = i_g(1 - e^{a_0 l}).$$

Bei Zielen kleiner als 6' besteht keine Proportionalität mehr zwischen dem Objektkontrast γ_0 und dem Bildkontrast

$$(10) \qquad \gamma = \frac{h_\omega' - i_g'}{i_g'},$$

wo die gestrichenen Werte sich auf die entsprechenden Leuchtdichten im Netzhautbild beziehen. Bei Einführung eines Kontrastverlustfaktors j läßt sich aber der Bildkontrast γ durch den Objektkontrast γ_0 ausdrücken gemäß der Beziehung:

$$(11) \qquad \gamma = \frac{1}{j}\, \gamma_0,$$

wo $1/j$ den Prozentsatz der Kontrastherabsetzung infolge der fehlerhaften Abbildung im Auge angibt. Aus Gleichung (11) folgt mit (9):

$$(12) \qquad \gamma_L = \frac{1}{j}\, \gamma_0\, e^{-a_0 l},$$

d. h. der Bildkontrast γ_L von strich- bzw. punktförmigen Sichtmarken ist gegenüber dem Objektkontrast γ_0 herabgesetzt um den Faktor $1/j$ infolge der Abbildungsfehler im Auge und um den Prozentsatz $e^{-a_0 l}$ infolge Schwächung der Lichtstrahlen durch Lichtzerstreuung auf dem Wege l in der Atmosphäre.

Versteht man unter Tarnung eines Objektes δ_0 und Bildverschlechterung δ die Kehrwerte von Objektkontrast und Bildkontrast, so folgt aus:

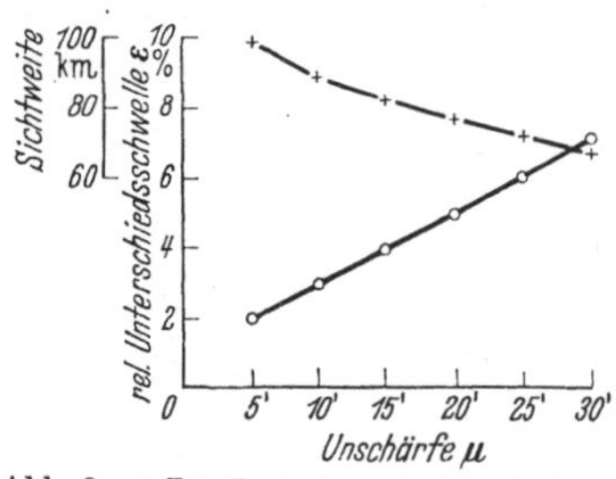

Abb. 2. o Zunahme der relativen Unterschiedsschwelle ε mit der Vergrößerung der Unschärfe μ der Konturen, + prozentische Abnahme der Sichtweite mit der Vergrößerung der Unschärfe der Konturen.

$$\delta_0 = \frac{1}{\gamma_0}$$

$$\delta = \frac{1}{\gamma_L}$$

$$(13) \qquad \delta = j\,\frac{1}{e^{-a_0 l}}\,\delta_0 = j\,e^{a_0 l}\,\delta_0,$$

d. h. die Bildverschlechterung δ, welche im äußersten Fall den Wert 100 erreicht entsprechend einem Bildkontrast bzw. einer relativen Unterschiedsschwelle von 1 %, ergibt sich aus der Tarnung des Objektes δ_0 durch Multiplikation mit dem Kontrastverlustfaktor j und dem Faktor $e^{a_0 l}$, welcher die Verschleierung durch das Luftlicht angibt. Ein schwarzer Schornstein von 2 m Durchmesser in 10 km Entfernung oder eine schwarze Telegraphenstange von 20 cm Stärke in 1 km Entfernung entsprechend einem Sehwinkel von rund 40″ befinden sich, bezogen auf eine relative Unterschiedsschwelle von 2 %, bereits an der Grenze der Wahrnehmbarkeit, wenn für flächenförmige Objekte die Sichtweiten noch 12,3 bzw. 1,23 km betragen.[1]

Die Schärfe der Konturen einer Sichtmarke wird nicht nur durch die fehlerhafte Abbildung im Auge, sondern auch durch die Luftunruhe und die Lichtzerstreuung am Luftplankton herabgesetzt. Definiert man mit W. E. K. MIDDLETON [5] die Verwaschenheit einer Kontur als diejenige in Bogenminuten μ gemessene Entfernung vom geometrisch-optischen Rand eines Gegenstandes, in welcher die Leuchtdichte auf

---

[1] Wird nur die Beugung des Lichtes an der Eintrittspupille des Auges berücksichtigt unter Vernachlässigung der sonstigen Abbildungsfehler, so ergibt die Rechnung — vgl. H. M. REESE — eine Herabsetzung des Kontrastes zwischen dem Bild eines schwarzen Drahtes (z. B. Mikrometerfadens) und seiner nicht zu hellen Umgebung (100 bis 200 Apostilb) bis auf 6 %, wenn man für die Sichtbarkeitsgrenze den experimentell gut gesicherten Wert von 3 bis 4 Bogensekunden als Sehwinkel dieser strichförmigen Objekte zugrunde legt.

$^1/_{100}$ des der Bildmitte zukommenden Wertes gefallen ist, so läßt sich die Abhängigkeit der relativen Unterschiedsschwelle ε von der Unschärfe der Konturen μ wie folgt darstellen, vgl. Tab. 5 u. Abb. 2.

Tabelle 5. Zunahme der relativen Unterschiedsschwelle ε mit der Unschärfe μ der Konturen (nach W. E. K. MIDDLETON). (Beobachter A und B.)

| Unschärfe μ | Relative Unterschiedsschwelle | | | | Mittelwert | Sichtweite |
| | im Falle zunehmender Unschärfe | | im Falle abnehmender Unschärfe | | | |
Bogen-minuten	A %	B %	A %	B %	%	km
5	2	2	2	2	2	100
10	2	2,2	3,3	4,1	3	90
15	2,8	3,2	5,2	6,0	4	83
20	3,9	4,3	7,2	8,0	5	77
25	4,9	5,4	—	9,8	6	72
30	6	6,6	—	—	7	68

Nimmt man an, daß die Verwaschenheit der Konturen lediglich verursacht ist durch die optische Unruhe der Luft, so kann mit einem konstanten Zerstreuungskoeffizienten gerechnet werden. In diesem Fall ergibt sich aus der Beziehung

$$s = \frac{1}{a_0} \ln \frac{1}{\varepsilon}$$

die in der Tabelle 5 aufgeführte Verschlechterung der Sichtweite mit zunehmender Konturenunschärfe. In Wirklichkeit wird aber die Bildgüte nicht nur durch die optische Unruhe der Luft, sondern auch durch die Zerstreuung des Lichtes am Luftplankton herabgesetzt.

Die fehlerhafte Abbildung im Auge und die Verwaschenheit der Konturen sind auch neben einigen anderen, mehr physiologischen Faktoren von Einfluß auf die Abhängigkeit der relativen Unterschiedsschwelle von der Flächengröße. Die Tabelle 6 enthält eine Zusammenstellung von Beobachtungsergebnissen über die Zunahme der relativen Unterschiedsschwelle mit abnehmendem Sehwinkel. Um die Bedeutung dieser Gesetzmäßigkeit für die Schätzungen der Sichtweite in das rechte Licht treten zu lassen, wurden mit Hilfe eines vorgegebenen mittleren Zerstreuungskoeffizienten a_0 die zugehörigen, fehlerhaft geschätzten Sichtweiten s berechnet (vgl. Abb. 3).

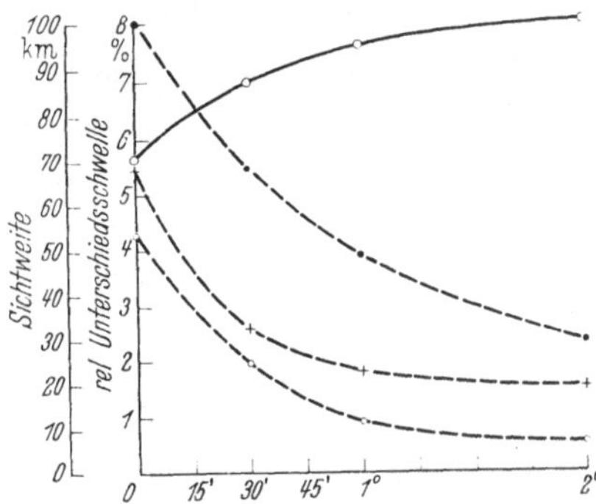

Abb. 3. Abhängigkeit der relativen Unterschiedsschwelle vom Sehwinkel bzw. der Sichtweite von der scheinbaren Größe der Ziele.

o----o H. V. HELMHOLTZ,
+----+ W. W. SCHARONOW,
•----• I. RUNGE,
o - o Sichtweite.

Tabelle 6. Zunahme der relativen Unterschiedsschwelle ε mit Abnahme des Sehwinkels und Einfluß der scheinbaren Größe der Ziele auf die Schätzung der Sichtweite.

Sehwinkel	2°	1°	30′	15′	Beobachter
ε . . . . . . %	0,6	1,0	2,0	4,3	H. v. Helmholtz
ε . . . . . . %	1,6	1,9	2,6	5,5	W. W. Scharonow [2]
ε . . . . . . %	2,3	3,9	5,5	8	I. Runge
Mittelwert . %	1,5	2,3	3,4	5,9	
Sichtweite . km	100	95	87	72	

8. Fernglasbeobachtungen.

Eine im Fernglas gesehene Sichtmarke erscheint bekanntlich nicht heller als bei Beobachtung mit bloßem Auge. Der Kontrast der Ziele gegen ihre Umgebung kann also durch Gebrauch eines Fernglases nicht gesteigert werden. Trotzdem wird beim Übergang zum Fernglassehen eine wesentliche Verbesserung der Sichtweite erreicht. Das hängt mit der Abhängigkeit der relativen Unterschiedsschwelle vom Sehwinkel zusammen. Die auf diesem Wege zustande kommende Sichtverbesserung läßt sich ausdrücken durch das Verhältnis $\dfrac{s_{0,01}}{s_\varepsilon}$ der auf eine relative Unterschiedsschwelle von $\varepsilon = 1\%$ bezogenen Sichtweite $s_{0,01}$ zu derjenigen Sichtweite s_ε, welcher wegen des geringeren scheinbaren Durchmessers des Zieles die wesentlich größere relative Unterschiedsschwelle ε zugrunde liegt. Die folgende Tabelle 7 gibt eine Übersicht über die Verbesserung der Fernglas-Sichtweite mit zunehmender Vergrößerung. Die Rechnung stützt sich auf die von W. W. Scharonow [2] gefundene Abhängigkeit der relativen Unterschiedsschwelle ε vom Sehwinkel (vgl. Abb. 4).

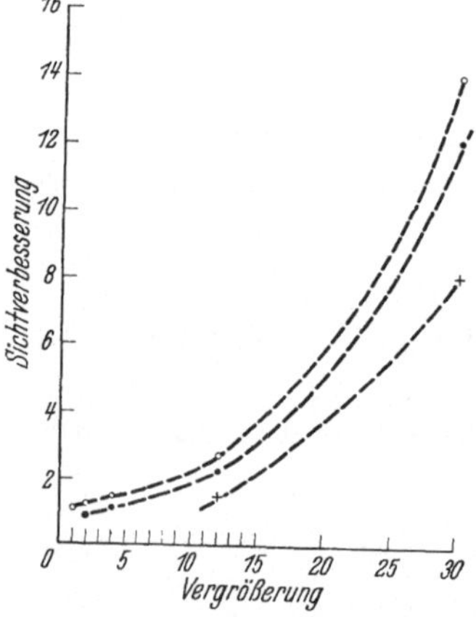

Abb. 4. Verbesserung der Fernglas-Sichtweite mit zunehmender Vergrößerung

o } bezogen auf eine { $\varepsilon = 0,01$
• } relative Unter- { $\varepsilon = 0,02$
+ } schiedsschwelle { $\varepsilon = 0,07$

Tabelle 7. Verbesserung der Fernglas-Sichtweite mit zunehmender Vergrößerung.

Sehwinkel in Bogengrad	Relative Unterschiedsschwelle ε	Fernglasvergrößerung	Sichtverbesserung bezogen auf eine relative Unterschiedsschwelle		
			$\varepsilon = 0,01$	$\varepsilon = 0,02$	$\varepsilon = 0,07$
1	0,01	1	1,00	—	—
$^1/_2$	0,02	2	1,18	1,00	—
$^1/_4$	0,043	4	1,46	1,24	—
$^1/_{12}$	0,20	12	2,86	2,43	1,65
$^1/_{30}$	0,73	30	14,4	12,4	8,3

Die Rechnung bestätigt die bekannte Erfahrungstatsache, wonach mit Hilfe eines Fernglases von 6- bis 8facher Vergrößerung die mit bloßem Auge erreichte Sichtweite fast verdoppelt werden kann. Bei Verwendung der heute zum Ansprechen von Rotwild bevorzugten stärkeren Vergrößerungen von 10fach ab aufwärts — vgl. z. B. das hierzu geeignete Jagdglas 4- bis 20facher variabler Vergrößerung von C. Zeiss — sind noch erheblich günstigere Ergebnisse zu erwarten. In Wirklichkeit bleibt aber die bei Fernglasbeobachtung tatsächlich festgestellte Sichtweite hinter dem berechneten Wert zurück. Das hängt mit der Unschärfe der Konturen der Ziele zusammen. Mit der Vergrößerung des Bildes wird gleichzeitig die Undeutlichkeit der Umrisse gesteigert. Bei verwaschenen Konturen wird aber die Empfindlichkeit des Auges gegenüber Helligkeitsunterschieden stark in Mitleidenschaft gezogen. Nach den oben angeführten Beobachtungen von W. E. K. MIDDLETON [5] ist bei einer Verbreiterung der Kontur auf rund $^1/_2{}^\circ$ nur noch mit einer relativen Unterschiedsschwelle von 5 bis 8% je nach der Leistungsfähigkeit des Beobachters zu rechnen. Da die in Tabelle 7 enthaltenen Zahlenangaben für scharf konturierte Felder gelten, bringen sie die größtmöglichen Werte der Sichtverbesserung beim Übergang zum Fernglassehen zum Ausdruck. In Wirklichkeit ist die Herabsetzung der Unterschiedsempfindlichkeit infolge der mit der Fernglasvergrößerung zunehmenden Unschärfe der Konturen zu berücksichtigen und der Rechnung ein zwischen 2 und 7% liegender Wert der relativen Unterschiedsschwelle zugrunde zu legen. Die mit Hilfe eines Fernglases erzielte Sichtverbesserung stellt sich mithin als das Ergebnis des Widerstreites zweier Wirkungen heraus, des Einflusses der Vergrößerung der kontrastierenden Felder einerseits und der Herabminderung der Unterschiedsempfindlichkeit des Auges andererseits infolge der größeren Unschärfe der Konturen im Fernglas.

Der störende Einfluß der Verschwommenheit der Bildumrisse ist besonders auffällig beim Dämmerungs- und Nachtsehen. So kommt es, daß die Sichtweite bei Nacht von dem Korrektionszustand des benutzten Fernglases abhängig ist (FABRY [2]).

9. Sichtgrenze.

Aus der kugelförmigen Gestalt der Erde und der geradlinigen Fortpflanzung des Lichtes folgt eine von Natur gegebene Begrenzung der Sicht. Bei Vernachlässigung der Strahlenbrechung ergibt sich die geodätische Sichtgrenze als diejenige Entfernung, in welcher eine vom Auge des Beobachters ausgehende Tangente die Erdoberfläche berührt. Diese Entfernung berechnet sich zu

$$s_0 = 3{,}57 \sqrt{h}\,,$$

und zwar s_0 in km, wenn h, die Höhe des Beobachtungsortes über dem Ziel, in m ausgedrückt wird.

Die Strahlenbrechung bewirkt eine Erweiterung des Horizonts. Die beobachtete wahre Sichtgrenze fällt stets größer aus als die berechnete geodätische, und zwar bei einer Abnahme des Brechungsexponenten der Luft mit der Höhe, die mittleren Verhältnissen entspricht, um 7 bis 8% größer. In erster Näherung berechnet sich die wahre Sichtgrenze S zu:

$$(14) \qquad S = s_0 \left(1 + \frac{\alpha R_0}{2} \right),$$

wo $\alpha = - \dfrac{dn}{dz}$ die linear vorausgesetzte Abnahme des Brechungsexponenten mit der Höhe und R_0 den Erdradius bezeichnet. Wird die Erweiterung des Horizonts als Depression in Winkelmaß gemessen, so tritt an Stelle der geodätischen Sichtgrenze die „geodätische Kimmtiefe" und an Stelle der wahren Sichtgrenze die „wahre Kimmtiefe".

Fernsichten werden nicht selten durch Temperaturumkehrschichten begünstigt. In diesen Fällen versagt die angegebene Näherungsgleichung für die wahre Sichtgrenze, und S muß ermittelt werden durch Integration der Gleichung der Lichtkurve (LINK u. SEKERA).

10. Fernsichten.

Die Teilnehmer an Grönland-Expeditionen berichten übereinstimmend von der ungewöhnlichen Reinheit und Durchsichtigkeit der Luft in arktischen Gegenden. Gelegentlich der Grönland-Expedition von WATKINS im Jahre 1930 wurden Cu-Wolken jenseits eines 400 km entfernt liegenden Vorgebirges gesichtet (LAMB [1]). Die größte, bisher auf dem Kontinent beobachtete Sichtweite scheint die Entfernung: 4000 m über Köln—Montblanc (Luftlinie 533 km) zu sein (BERG [4]). In Gipfelhöhe des Berliner Wetterflugzeug-Aufstieges wurden gelegentlich die Beskiden und Karpathen gesichtet. Da in den genannten Fällen die geodätischen Sichtgrenzen sich zu 500 bzw. 400 km berechnen, muß eine außergewöhnliche Krümmung der Lichtstrahlen vorgelegen haben. Diese Annahme ist schon deshalb am Platze, weil die unteren getrübten Luftschichten für die Fortpflanzung der Lichtstrahlen nicht in Frage kommen können. Setzt man in der Formel für die Sichtweite des schwarzen Zieles — vgl. Gleichung (5) — den mittleren Zerstreuungskoeffizienten a_0 gleich dem günstigsten Wert, nämlich gleich dem RAYLEIGHschen Zerstreuungskoeffizienten $a_R = 0{,}0154 \ \mathrm{km^{-1}}$ und ε gleich 2%, so berechnet sich die bestmögliche Sichtweite am Erdboden zu 254 km, in 3000 m Höhe zu 363 km und in 5000 m Höhe zu rund 500 km. Um also die erstaunliche Fernsicht Köln—Montblanc bzw. Berlin—Hohe Tatra überhaupt erklären zu können, muß man den Lichtweg in die Luftschicht zwischen 4000 und 5000 m Höhe verlegen.

Sichtweiten der Größenordnung von 300 km sind schon wiederholt und von verschiedenen Seiten beobachtet worden (DUCLAUX u. GINDRE [1, 2], DUCLAUX [1]). Hierher gehört die Sicht des Montblanc vom Puy de Dôme und die Sicht der Alpen von Flugzeugen, welche in der Gegend der Mainlinie in genügender Höhe, d. h. nicht unter 500 m, fliegen. Auch die Sichtbarkeit der Kanarischen Inseln und der nordafrikanischen Küste vom hohen Atlantik aus in Entfernungen von rund 300 km in Flughöhen von mehr als 5000 m kann als verbürgt hingestellt werden. Dagegen ist die Wahrnehmung der nur 2340 m hohen Gipfel der Insel Palma vom Schiff aus in Entfernungen von 300 km nur bei Annahme von Luftspiegelung glaubwürdig (KENDREW). Die Sicht des Peak von Teneriffa (3709 m) in der aufgehenden Sonne aus einer Entfernung von 200 km ist andererseits mit gewöhnlicher Strahlenbrechung noch zu vereinbaren (KENDREW). Die Sichtbarkeit der Insel St. Kilda von den kaum 1000 m hohen Gipfeln der Cuillin Hills auf der Isle of Skye in einer Entfernung von 152 km ist nur verständlich bei Zulassung ungewöhnlicher Krümmung der bilderzeugenden Strahlen bei starker Temperaturumkehr (GORDON). Die Sicht des Großglockners von der Zugspitze aus in 135 km Entfernung fällt bereits unter die weiter nicht verwunderlichen Alpenfernsichten.

Längere Beobachtungsreihen über Fernsichten liegen nur von der Alpenkette vor. Es handelt sich um die Beobachtungen von Höchenschwand (Bad. Schwarzwald) aus und um Entfernungen von 118 km bis zum Tödi, 135 km bis Finsteraarhorn und 240 km bis Montblanc (SCHULTHEISS) bzw. um Entfernungen von 40 bis 70 km von Zürich aus (MAURER) bzw. 60 bis 113 km von Freiburg i. S. (GOCKEL) aus.

In den Jahren 1875 bis 1894 waren die Alpen von Höchenschwand aus mit einer durchschnittlichen Häufigkeit von 101 Fällen pro Jahr sichtbar bei einer Schwankung der Extremwerte zwischen 50 und 135. Davon entfallen 60 Fälle auf Hochdruckwetter und 41 Fälle auf Föhnlagen. Da die Antizyklonen im Sommer wenig beständig sind, zeigen die Monate Juni bis einschließlich August die geringste Wahrscheinlichkeit für Alpenfernsicht, wie sich aus der folgenden Tabelle ergibt:

Tabelle 8. Wahrscheinlichkeit für Alpenfernsicht von Höchenschwand aus nach Dr. SCHULTHEISS.

Jan.	Febr.	März	April	Mai	Juni	Juli	August	Sept.	Okt.	Nov.	Dez.
0,45	0,35	0,24	0,19	0,23	0,17	0,11	0,13	0,22	0,31	0,30	0,40

Der auf die Monate März bis September fallende geringe Wert der Wahrscheinlichkeit für Alpenfernsicht von im Mittel nur 0,18 findet seine Erklärung in der im Frühjahr und Sommer weniger großen Beständigkeit der Wetterlagen mit Alpenfernsichten, eine Beobachtungs-

tatsache, welcher auf der anderen Seite das häufige Auftreten föhniger
Winde während der Wintermonate gegenübersteht, wie die folgende
Übersicht zeigt:

Tabelle 9. Tage mit Alpenfernsicht von Höchenschwand aus in den
Jahren 1883 bis 1894, nach Gruppen geordnet, in Abhängigkeit von
der Jahreszeit, nach Dr. SCHULTHEISS.

Gruppen mit Tagen	Frühjahr	Sommer	Herbst	Winter	Tage	Prozentsatz
2	35	21	41	37	268	24
3	14	5	13	23	165	15
4	6	5	12	11	136	12
5	3	2	6	11	110	10
6	—	—	1	9	60	5

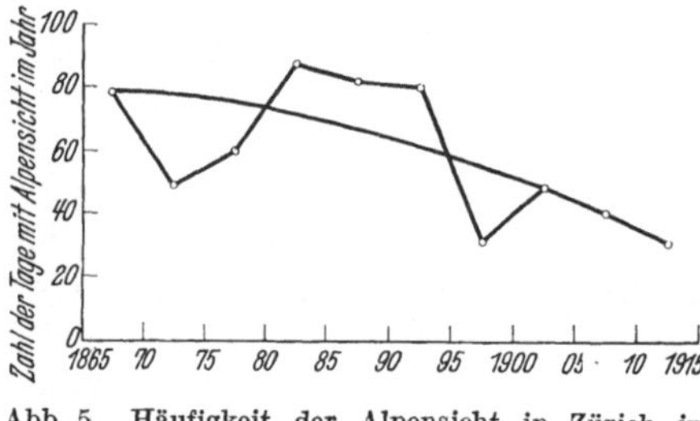

Abb. 5. Häufigkeit der Alpensicht in Zürich in
den Jahren 1866—1915.

Die Beobachtungen der Sichtbarkeit der Alpen von Zürich aus umfassen einen Zeitraum von 50 Jahren (1866 bis 1915). J. MAURER hat aus ihnen eine Abnahme der Häufigkeit der Alpenfernsicht hergeleitet und diesen Rückgang auf die zunehmende Verunreinigung der Luft durch die stetig größeres Ausmaß annehmende Stadt zurückgeführt (vgl. Tabelle 10 und Abb. 5).

Tabelle 10. Häufigkeit der Alpensicht in Zürich in
den Jahren 1866 bis 1915 nach J. MAURER.

Zeitraum	1866/70	1871/75	1876/80	1881/85	1886/90
Zahl der Tage mit Alpensicht im Jahr	78	49	58	87	81

Zeitraum	1891/95	1896/1900	1901/05	1906/10	1911/15
Zahl der Tage mit Alpensicht im Jahr	79	30	47	40	30

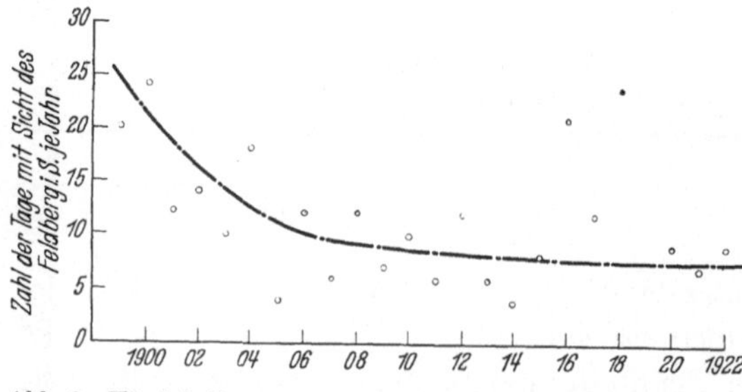

Abb. 6. Häufigkeit der Sichtbarkeit des Feldbergs i. S. vom
Königstuhl bei Heidelberg aus.

Eine ähnliche Schlußfolgerung zieht H. BERG [2] aus den Beobachtungen von M. WOLF (vgl. Abb. 6).

Aus einer von A. GOCKEL aufgezeichneten Beobachtungsreihe der Sichtbarkeit der Berner Alpen (Wetterhorn und Schreckhorn) und des Montblanc von Freiburg i. S. aus in rund 50 bzw. 113 km Entfernung ergibt sich für die Zeit von 1907 bis 1919 zufällig dasselbe Jahresmittel wie für Höchenschwand, nämlich

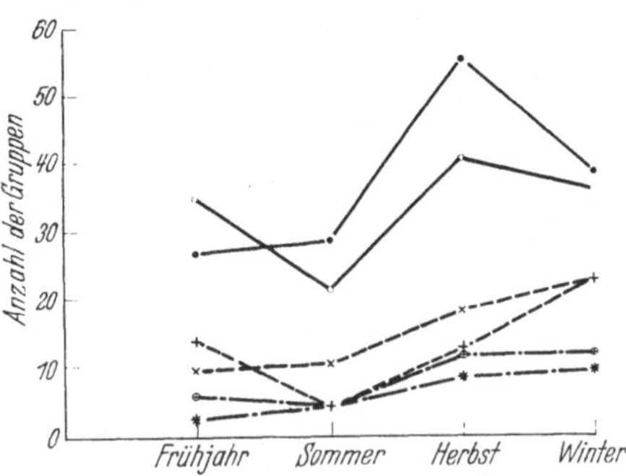

Abb. 7. Tage mit Alpensicht nach Gruppen geordnet in Abhängigkeit von der Jahreszeit.

o Gruppen mit 2 Tagen, Höchenschwand
+   ,,   ,, 3   ,,   ,,
⊕   ,,   ,, 4   ,,   ,,
●   ,,   ,, 2   ,,   Freiburg i. S.
×   ,,   ,, 3   ,,   ,,
*   ,,   ,, 4   ,,   ,,

101 Fälle pro Jahr bei einer Schwankung der Extremwerte zwischen 59 und 134 Tagen mit Alpensicht. Ähnlich wie in Höchenschwand sind die Aussichtsmöglichkeiten in der Zeit von Oktober bis März wesentlich größer als in den Sommermonaten. Die Erklärung für diese Erscheinung ist wieder zu suchen in dem Überwiegen des Föhns in den Monaten November bis einschließ-

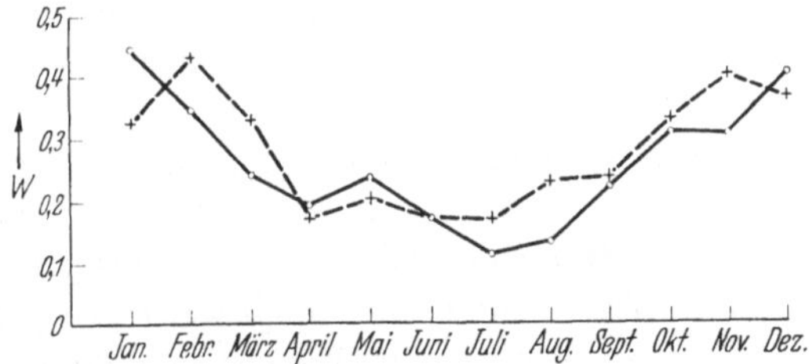

Abb. 8. Wahrscheinlichkeit (W) für Alpensicht von Höchenschwand (o) und Freiburg i. S. (+) aus.

lich Februar und in der im Winter größeren Wahrscheinlichkeit für das Fortbestehen antizyklonaler Wetterlagen[1] (SCHMIDT), wie die beiden folgenden Tabellen zeigen (vgl. Abb. 7 und 8):

Tabelle 11. Wahrscheinlichkeit für Alpensicht von Freiburg i. S. aus nach A. GOCKEL.

Jan.	Febr.	März	April	Mai	Juni	Juli	August	Sept.	Okt.	Nov.	Dez.
0,33	0,43	0,33	0,17	0,20	0,17	0,17	0,23	0,23	0,33	0,40	0,36

---

[1] Die Gesetzmäßigkeit der Erhaltungstendenz der Wetterlage wird erwiesen durch die Gegenüberstellung der im Jahr beobachteten Anzahl von Gruppen $a_{n\,\text{beob}}$ und der unter der Herrschaft des Zufalls zu erwartenden Größe $a_{n\,\text{ber}}$ der Anzahl von Gruppen von n aufeinanderfolgenden Aussichtstagen:

n	1	2	3	4	5	6	7	8	9	10	>10
$a_{n\,\text{beob}}$ · ·	337	149	60	27	18	12	6	1	4	2	10
$a_{n\,\text{ber}}$ · ·	687	190	53	15	4	1			0,3		

Tabelle 12. Tage mit Alpensicht von Freiburg i. S. aus in den Jahren 1907 bis 1919, nach Gruppen geordnet, in Abhängigkeit von der Jahreszeit, nach A. GOCKEL.

Gruppen mit Tagen	April—Juni	Juli—Sept.	Okt.—Dez.	Jan.—März	Tage	Prozentsatz
2	26	29	56	38	298	22,8
3	9	10	18	23	180	13,8
4	3	5	9	10	108	8,3
5	2	4	5	7	90	6,9
6	1	0	6	5	72	5,5
7	1	1	3	1	42	3,2
8	0	0	1	0	8	0,6
9	0	0	2	2	36	2,8
10	0	1	1	0	20	1,5
>10	1	0	3	6	>100	10

In Übereinstimmung hiermit ergibt sich für die Fernsicht vom Großen Belchen (Vogesen) zum Montblanc (HELLMANN) in rund 215 km Entfernung eine mittlere prozentische Häufigkeit für die Monate April bis September von 8% für den 7-Uhr-Termin und ein entsprechender Wert von 2% für den 14-Uhr-Termin gegenüber einem Durchschnittswert von 37% bzw. 27% für die Monate November bis Februar.

Diese die Bergsichten kennzeichnenden Sommerminima sind auch in den Sichtbeobachtungen des 410 m ü. M. liegenden Observatoriums Fabra bei Barcelona (FONTSERÉ) wiederzufinden. Für die Sichtverhältnisse in der Ebene ist die umgekehrte Häufigkeitsverteilung — Maxima im Sommer, Minima im Winter — charakteristisch.

11. Föhnsicht.

Die Sichtverhältnisse in der Nähe von Gebirgen stehen zeitweise unter dem besonderen Einfluß der Bodenerhebungen, die eine Hebung der ankommenden Luftmassen oder ein Absinken herbeiführen können. Die Hebung eines Luftpaketes infolge Stauung desselben auf der Luvseite ist mit auffallender Sichtverschlechterung verbunden; Fallwinde haben umgekehrt auf der Leeseite föhnige Begünstigung der Sichtverhältnisse im Gefolge.

Die Unterschiede in der Trübung der Luft sind in der Vertikalen ungleich größer als in der Horizontalen. Daher muß sich auch eine Versetzung von Luftmassen in der Vertikalen durch eine ruckartige Änderung der Sichtverhältnisse bemerkbar machen. Im Falle der Föhnsicht wird die an sich schon bessere Durchlässigkeit der aus größerer Höhe stammenden Luft noch erhöht durch einen eigentümlichen Prozeß der Selbstreinigung: Vor dem Überstreichen des Gebirgskammes gibt nämlich die Föhnluft die Kondensationskerne und den größten Teil ihres Wasserdampfgehaltes in Form von Niederschlägen auf der Luvseite ab.

Die Befreiung der Luft von den trübenden Bestandteilen hat je nach dem Grade der Reinigung eine „weiche" oder „harte" Föhnsicht zur Folge (PEPPLER [4]). Die „weiche" Föhnsicht mit der blauen, warmen Tönung des unscharf gezeichneten Landschaftsbildes stellt sich im allgemeinen beim ersten Auftreten des Föhns ein im Zusammenhang mit der Auflösung der Wolken und der dadurch hervorgerufenen Schlierenbildung und wird begünstigt durch die Heranführung von feuchten und trüben Luftmassen aus dem Mittelmeergebiet oder Nordafrika. Die Undeutlichkeit der Umrisse ferner Gegenstände ist zurückzuführen auf die Umrisse der Luft. Das auffallende, mit „Duft" bezeichnete bläuliche Leuchten der Luft wird verursacht durch eine besondere, noch nicht näher untersuchte Beschaffenheit des Luftplanktons. TOR BERGERON [1] führt den „Duft", den er „Opaleszenz" nennt, zurück auf feinkörnige, nichthygroskopische Teilchen (Wüstenstaub). Eine durch große Dichte ausgezeichnete Form des „Duftes" liegt offenbar vor in dem „blauen Nebel", der häufig im Tal der Salzach bei Schwarzach-St. Veit beobachtet wird (SCHOBER).

Die „weiche" Föhnsicht tritt bevorzugt bei südlichen Winden auf. Je mehr sich eine westliche Komponente in der Luftströmung durchsetzt, was gleichbedeutend ist mit einer größeren Wahrscheinlichkeit der Heranführung polarmaritimer Luftmassen, desto schwächer tritt der Duft in Erscheinung. Diese Entwicklung wird häufig begünstigt durch eine Kräftigung des Azorenhochs.

Für die „harte" Föhnsicht ist die völlige Farblosigkeit der Luft und das Fehlen der optischen Unruhe kennzeichnend. Ferne Gegenstände erscheinen daher in ihrer Eigenfarbe und mit scharfen Umrissen. Die „harte" Föhnsicht ist eine Begleiterscheinung des „freien" Föhns[1] (BILLWILLER, WILD [3]). Beim „freien" Föhn tritt die advektive Heranführung von Luftmassen zurück zugunsten des Absinkens der Luft aus größerer Höhe. Dazu ist nur nötig, daß die für die Einleitung einer Absinkbewegung auf größerem Raum erforderlichen Vorbedingungen erfüllt sind, nämlich das Divergieren der Isobaren am Boden und das dadurch hervorgerufene Auseinanderfließen der unteren Luftmassen einerseits und der Hochdruckvorstoß andererseits, der für den Massenzufluß aus der Höhe sorgt, Bedingungen, welche im inneren Divergenz-

---

[1] Die schon von H. WILD vorgeschlagene Einschränkung des Begriffes „Föhn" auf den im Gebirge auftretenden Fallwind wurde von R. BILLWILLER mit der Bemerkung zurückgewiesen, daß die Entstehungsweise von Naturerscheinungen nicht bestimmend für den Umfang eines Begriffes sein dürfe. „So fassen wir unter dem Begriff ‚Nebel' Erscheinungen zusammen, die auf verschiedene Weise entstehen können ... Ob der warme Fallwind durch ein Gebirge oder sonst irgendwie veranlaßt worden ist, scheint mir kein wesentliches Moment zu sein, und ebenso widerspricht es den Forderungen der Logik, Abstufungen in der Intensität des Auftretens einer Erscheinung zu entscheidenden Merkmalen zu machen."

feld des zentralen Teils eines Hochs weitgehend erfüllt sind (PEPP-LER [1]). Das Absinken der Luft kann sich auch bemerkbar machen in einem linienhaften, oft auf Hunderte von Kilometern sich erstrecken-den scharfen Abbrechen der Wolken in Form eines Wolkenkliffs (RODE-WALD [7]). Das Absinken eines Luftpaketes hat eine sprunghafte Ände-rung der Sichtverhältnisse im Gefolge. Auffallend gute Fernsichten setzen ein Absinken kernarmer Luft auf einem großen Raum voraus. Nach Beobachtungen von M. WOLF (BERG [4]) auf dem Königstuhl bei Heidelberg ist diese Bedingung besonders gut auf der Südseite von Antizyklonen erfüllt.

12. Luftfarben.

Das Landschaftsbild unterliegt je nach den Sichtverhältnissen einem mannigfachen Wechsel. Die Deutlichkeit der Konturen schwankt zwi-schen gestochener Schärfe und nichtssagender Verschwommenheit. Die Farben durchlaufen fast das ganze Spektrum. Die Tönung des Land-schaftsbildes rührt von dem farbigen Leuchten der Luft selbst her. Im Falle des Anblicks von entfernten Gegenständen kommt allerdings nicht die reine Luftfarbe zum Vorschein, sondern eine Mischfarbe, welche gebildet wird durch Addition der Naturfarbe der Ziele zu der Tönung der Luft (SCHRÖDINGER).

Im Horizontlicht liegt zwar — wolkenloser Himmel vorausgesetzt — die reine Luftfarbe vor. Die große Helligkeit bzw. die geringe Sättigung des Horizontlichtes erschwert aber die Bestimmung der Tönung. Da-gegen fällt es dem Auge leicht, den Farbton eines Luftlichtschleiers vor dunklem Hintergrund zu schätzen. Hierbei kann allerdings immer nur die Mischfarbe, im Falle von bewaldeten Höhen z. B. die Misch-farbe von Luftlicht und Eigenfarbe des Blattgrüns, d. h. die sog. „Sichtfarbe" angegeben werden.

TOR BERGERON [1] hat als erster in der Sichtfarbe ein die verschie-denen Luftmassen kennzeichnendes Merkmal erkannt. In der subpolaren Kaltluft (PK.) überwiegt die graublaue Sichtfarbe[1]. Entsprechend dem zunehmenden Gehalt an größeren lichtzerstreuenden Teilchen verblaßt in der kontinentalen subpolaren Kaltluft (cPK.) und der subpolaren Warmluft die blaue Sichtfarbe zu einem diesigen Farbton. In der sub-tropischen Warmluft ist die Luftfarbe zugunsten einer milchigen Trü-bung noch weiter zurückgedrängt. Der äquatorialen Tropikluft scheinen braune Tönungen zuzukommen. Braunverhüllung tritt auch auf bei starker Verunreinigung der Luft mit Rauch und Staub. Die geringste Tönung weist die arktische Kaltluft (AK.) auf; sie läßt entfernte Sicht-

---

[1] Die stärksten Grade der „Blauverhüllung" werden mit „Höhenrauch" oder „blauer Nebel" bezeichnet.

marken in ihrer Naturfarbe oder in einem zarten, lichten Hellblau erscheinen.

Im Unterschied dazu ist die gelbe Tönung der Gletscherfelder keine Mischfarbe. Die Gelbverfärbung der Gletscherfelder kommt nämlich nicht durch eine gelbliche Opaleszenz des Luftlichtes zustande, sondern durch die Zerstreuung des kurzwelligen Anteils des von den Gletscherfeldern zurückgeworfenen Sonnenlichtes (MIDDLETON [3]). Auf dem Wege zum Auge des Beobachters wird das vom Schnee reflektierte Licht infolge des Verlustes der blauen Strahlen an langwelligem Licht angereichert. Durch die Kontrastwirkung des Himmelsblaus wird die gelbliche Tönung der Gletscherfelder bis zum Eindruck der „gelben Ferne" (HEIM) gesteigert.

Um eine naturgetreue Wiedergabe der Tönung des Landschaftsbildes hat sich vor allem der Züricher Geologe A. HEIM bemüht. Auch die Brüder SCHLAGINTWEIT haben in ihren im Himalajagebiet hergestellten Aquarellzeichnungen[1] die feinen Farben des Luftlichtschleiers zur Darstellung gebracht. Besonders ausdrucksvoll hat HERMANN SCHLAGINTWEIT die „blaue Ferne" wiedergegeben in einem Panorama der Schneeketten von Sikkum und Bhutan, wobei er zur Erhöhung der Kontrastwirkung zu dem malerischen Kunstgriff seine Zuflucht nahm, den Vordergrund mit Hilfe von gelblichen und rötlichvioletten Tönen in den Gegensatz zur „blauen Ferne" treten zu lassen.

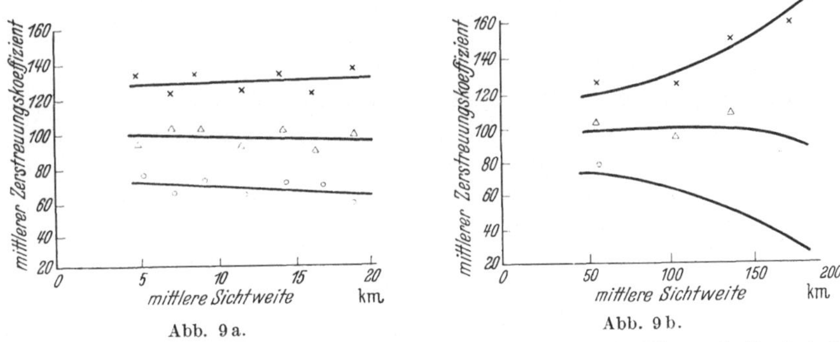

Abb. 9. Änderung des spektralen mittleren Zerstreuungskoeffizienten (der Tönung des Landschaftbildes) mit der mittleren Sichtweite.

a) in der Warmluft   b) in der Kaltluft.

× mittlerer Zerstreuungskoeffizient für Blau
△ „ „ „ Grün
o „ „ „ Rot
$(a_{0\,\text{Grün}} = 100)$.

Die Beobachtungsergebnisse von TOR BERGERON [1], H.TSCHIERSKE[1] u. a. (FRIEDRICHS, PEPPLER [5]) sprechen dafür, daß die Tönung des Landschaftsbildes eine konservative Eigenschaft der verschiedenen Luftkörper ist. Dagegen fällt es schwer, den einzelnen Luftkörpern unab-

---

[1] Im Besitz der Staatl. Graph. Sammlung in München.

hängig von orographischen Einflüssen mittlere Sichtweiten eindeutig
zuzuordnen. Das zeigt die in der Tabelle 13, S. 28 vorgenommene Zusammenstellung von Beobachtungsergebnissen sehr anschaulich; aus ihr
geht hervor, daß eine bestimmte Luftfarbe mit verschieden großen
mittleren Sichtweiten gekoppelt sein kann. Diese Beobachtungen werden bestätigt durch die Meßergebnisse mit einem Sichtphotometer im
Schwarzwald und in den Hohen Tauern (LÖHLE [11]). Danach streuen
auch bei ein und demselben Luftkörper die Sichtweiten noch beträchtlich, ohne daß diesen Schwankungen nennenswerte Differenzen in den
spektralen mittleren Zerstreuungskoeffizienten gegenüberständen. Das
gilt besonders für die Warmluft (vgl. Abb. 9a). Nur die Kaltluft nimmt
eine Ausnahmestellung ein. Für sie gilt in der Tat in einem beschränkten
Bereich großer Sichtweiten die von W. E. K. MIDDLETON [7] gefundene
Abhängigkeit zwischen dem spektralen mittleren Zerstreuungskoeffizienten und der Sichtweite, d. h. je größer der Blaugrad der Kaltluft
ist, desto durchsichtiger ist sie (vgl. Abb. 9b).

13. Filterbeobachtungen.

Der Tönung des Landschaftsbildes verdanken die farbigen Filter
ihre sichtverbessernde Wirkung. Die wissenschaftliche Bedeutung dieser
Erscheinung besteht darin, daß die mit farbigen Filtern erzielte Sichtverbesserung mit Hilfe der MIEschen Theorie der Lichtzerstreuung an
groben Teilchen in Beziehung gebracht werden kann zu der Teilchengröße des Luftplanktons. Den Ausgangspunkt bilden die folgenden
Beobachtungstatsachen.

Bei sehr geringem Gehalt an Luftplankton, wie z. B. nach Land-
regen, bringt die Benutzung eines farbigen Filters wenig Vorteil mit sich.
Dagegen wird mit Hilfe von orangefarbenen oder roten Filtern[1] (LEIBER)
eine beachtliche Erhöhung der Kontraste und eine Steigerung der Sichtweite erzielt, wenn das Luftlicht ausgesprochen bläulich getönt ist und
entfernte Ziele wie mit einem bläulich schimmernden Schleier über-
zogen erscheinen. Entfernte Gebirge können mit Hilfe von Rotfiltern
noch zum Vorschein gebracht werden in Fällen, wo mit bloßem Auge
der Kamm des Gebirgsmassivs kaum sichtbar ist. Die Wirkung von
roten Filtern ist um so auffälliger, je mehr die bläuliche Opaleszenz
des Luftlichtes vorherrscht, wie z. B. bei zyklonalem Föhn.

Für die Erklärung der mit farbigen Filtern angestellten Beobachtungen gibt die Theorie einige wertvolle Anhaltspunkte. Zu diesem

---

[1] Die von F. LEIBER erfundenen Geaphotgläser und die Neophangläser der
Fliegerbrillen haben eine breite Absorptionsbande im gelben Spektralgebiet. Die
bevorzugt durchgelassenen roten und blaugrünen Strahlen bringen durch Erzeugung von Mischfarben eine Erhöhung der Kontraste im Landschaftsbild zustande.

Zweck sei auf eine von J. A. Stratton und H. G. Houghton bewerkstelligte graphische Auswertung der Mieschen Theorie zurückgegriffen.

In Abb. 10 ist auf der Abszisse das Verhältnis λ/r von Wellenlänge λ zu Teilchenradius r und auf der Ordinaten eine Proportionalitätskonstante K_λ aufgetragen, welche definiert ist durch die Gleichung:

$$(15) \qquad E_\lambda = E_{0\lambda}\, e^{-2\pi n r^2 \cdot K_\lambda \cdot l}.$$

Hierin bedeutet E_λ die in einer Entfernung l gemessene Intensität einer monochromatischen Lichtquelle der Stärke $E_{0\lambda}$ bei Vorhandensein von n lichtzerstreuenden Teilchen vom Radius r in der Raumeinheit. K_λ hängt mit dem mittleren Zerstreuungskoeffizienten $a_{0\lambda}$ in der Horizontalen auf Grund der Fundamentalformel

$$(16) \qquad E_\lambda = E_{0\lambda}\, e^{-a_{0\lambda} \cdot l}$$

zusammen durch die Beziehung:

$$(17) \qquad a_{0\lambda} = 2\pi n r^2 K_\lambda.$$

Gemäß der Formel für die Sichtweite s des schwarzen Zieles — vgl. Gleichung (5) — verhalten sich für einen gegebenen atmosphärischen Zustand die mit einem Gelb- bzw. Rotfilter erreichten Sichtweiten s_1

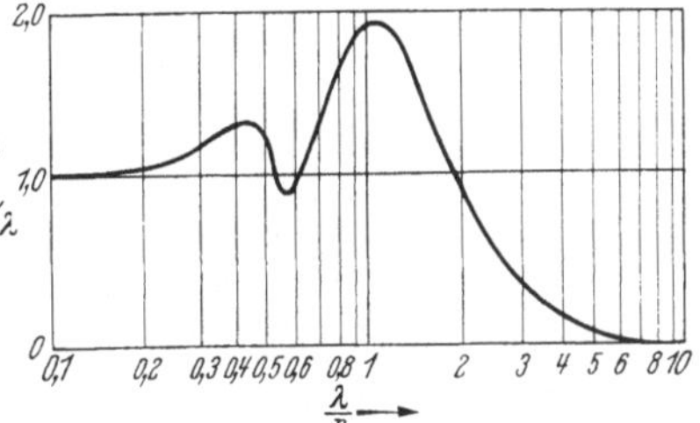

Abb. 10. Abhängigkeit der die spektrale Lichtzerstreuung kennzeichnenden Proportionalitätskonstanten K_λ von dem Verhältnis λ/r von Wellenlänge zu Teilchenradius nach J. A. Stratton u. H. G. Houghton.

und s_2 umgekehrt wie die zugehörigen Proportionalitätskonstanten K_{λ_1} und K_{λ_2}. Die Beobachtung ergibt, daß für $\lambda_2 > \lambda_1\ s_2 > s_1$ ausfällt; aus $s_1 : s_2 = K_{\lambda_2} : K_{\lambda_1}$ folgt aber $K_{\lambda_1} > K_{\lambda_2}$. Diese Ungleichheit ist, wie Abb. 10 zeigt, lediglich in den Bereichen: $0{,}41 < \lambda/r < 0{,}56$ und $1{,}03 < \lambda/r < \infty$ erfüllt.

Bei Beschränkung auf die beiden Wellenlängen $\lambda_1 = 0{,}6\,\mu$ und $\lambda_2 = 0{,}7\,\mu$ bezieht sich der Bereich $0{,}41 < \lambda/r < 0{,}56$ lediglich auf Teilchen vom Radius zwischen 1 und $2\,\mu$. Bei den in der Natur vorkommenden Schwankungen der Teilchengrößen kommt diesem Bereich nur untergeordnete praktische Bedeutung zu. Dagegen läßt Luftplankton mit Teilchen $r < 1\,\mu$ auf Grund des stetigen Verlaufs der Funktion $K_\lambda = \Phi(\lambda/r)$ im Bereich $1{,}03 < \lambda/r < \infty$ auch bei Fehlen einer überwiegenden Teilchengröße eine Sichtverbesserung beim Gebrauch von farbigen Filtern erwarten. Damit ist die Erklärung gefunden für den guten Ausfall der Filterbeobachtungen bei Verhüllung entfernter Ziele durch einen rein bläulichen Luftlichtschleier.

Unterschreitet die Mehrheit der lichtzerstreuenden Teilchen eine durch die Bedingung $\lambda/r > 5$ vorgegebene Grenze des Teilchenradius, so verfehlen Filterbeobachtungen ihren Zweck. Darauf deutet der asymptotische Auslauf der Kurve für Werte von $\lambda/r > 5$ hin. Damit ist auch das Versagen farbiger Filter bei sehr reiner, dunstfreier Luft, wie z. B. nach langdauernden Regenfällen, verständlich gemacht.

Im Bereich $0{,}41 > \lambda/r > 0{,}00$ nähert sich K_λ asymptotisch von 1,35 dem Wert 1,00. Daraus ist auf eine geringe selektive Lichtzerstreuung der groben Teilchen $r > 2\,\mu$ zu schließen. Auch diese Folgerung steht im Einklang mit dem Beobachtungsbefund, nämlich der schlechten Wirkung farbiger Filter bei starkem Dunst und Nebel.

Die Messung der selektiven Zerstreuung des Luftplanktons (GÖTZ [1], [4]) über einen weiten Bereich von Wellenlängen und die Bestimmung des Höchstwertes $K_\lambda = 1{,}95$ für $\lambda/r = 1{,}03$ liefert eine wertvolle Handhabe für die Berechnung der wirksamen Teilchengröße. Auf Grund der Beziehung $\lambda/r = 1{,}03$ für $K_\lambda = 1{,}95$ kann nämlich der Radius der überwiegenden Zahl lichtzerstreuender Teilchen gleich der Größe der Wellenlänge maximaler Streuwirkung gesetzt werden.

14. Luftkörper und Sichtweite.

Kaltlufteinbrüche sind im allgemeinen mit einer sprunghaften Verbesserung der Sichtverhältnisse, Warmlufteinbrüche umgekehrt mit Sichtverschlechterung verbunden. Die Kaltluft ist klar und durchsichtig, weil das Entstehungsgebiet für dieselbe, die Arktis, zugleich ein Sinkgebiet für das Luftplankton ist. Die Warmluft ist dagegen von Hause aus trübe, weil ihr Ursprungsort, die großen Landflächen in der Gegend der Wendekreise, zugleich Quellgebiet für das Luftplankton sind.

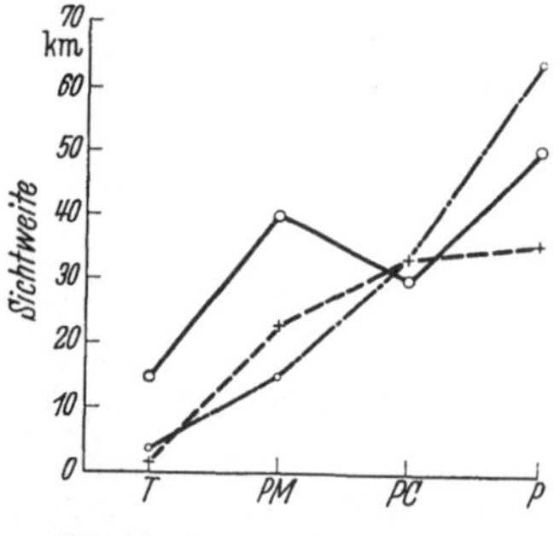

Abb. 11. Luftkörper und mittlere Sichtweite.
o westl. Sudetenvorland. + Wyk auf Föhr, ○ Feldberg i. T.

Die Begünstigung der Sichtverhältnisse in den Luftkörpern arktischen Ursprungs tritt in den wenigen bisher bekanntgewordenen Untersuchungen über die Beziehung zwischen Luftkörper und Sichtweite deutlich zutage. Die geringsten Sichtweiten werden in der Warmluft beobachtet. Die übrigen Luftkörper lassen sich zwischen den dadurch festgelegten Grenzwerten in einer von der Lage des Beobachtungsortes abhängigen Reihenfolge einordnen, wie die folgende Übersicht zeigt (vgl. Abb. 11):

Tabelle 13. Luftkörper und mittlere Sichtweite.

Luftkörper	Skandinavisches Gebirgsland (BERGERON [1])	Westliches Sudetenvorland (TSCHIERSKE [1])	Wyk auf Föhr (FRIEDRICHS)	Feldberg i. Taunus (FRIEDRICHS)
P	300	50	35	63
T	20	15	2	3
PC	—	30	33	33
PM	—	40	23	15

Die bei Kaltlufteinbrüchen auftretende Sichtverbesserung ist verschieden nachhaltig und durchgreifend, je nachdem, ob es sich um einen maritimen Kaltluftvorstoß großer vertikaler Mächtigkeit oder um einen seichten kontinentalen Kaltlufteinbruch handelt (PEPPLER [5]). Die maritimen Kaltlufteinbrüche mit ihrer ruckartigen und lang andauernden Sichtverbesserung treten meist in Begleitung einer kräftigen Zyklone mit kaltem Luftkörper auf. Zur Untersuchung dieses Zusammenhangs eignen sich allerdings nur Beobachtungsstationen, welche gemäß ihrer Lage eine Störung der konservativen Eigenschaften der Luftmassen durch eine Wechselwirkung derselben mit Quellen für Industriedunst und Stadtluft von vornherein ausschließen. Ist diese Voraussetzung erfüllt, wie z. B. bei vielen Küstenstationen, so bestätigt sich die Regel von der Verbesserung der Sichtverhältnisse bei Kaltlufteinbrüchen auch noch in großer Entfernung vom Ursprungsgebiet der arktischen Luft, wie die Beobachtungstatsache zeigt, daß der Vorübergang einer atlantischen Depression mit Kaltluftvorstoß regelmäßig die Fernsicht von Barcelona nach der 190 km entfernten Insel Mallorca im Gefolge hat (FONTSERÉ). In Mitteleuropa ist der Einfluß der Luftkörper auf die Sichtweite noch über das norddeutsche Flachland hinaus bis zum Mittelgebirge festzustellen, wie aus dem Umstand hervorgeht, daß in Frankfurt a. M. die größten Sichtweiten bei Kaltlufteinbrüchen beobachtet werden (EICKER).

Die mit Wärmeeinbrüchen verbundene Sichtverschlechterung tritt besonders auffällig zutage bei einem typischen zyklonalen Wärmevorstoß von feuchten, subtropischen oder äquatorialen Luftmassen niederer Breiten; Wärmeeinbrüche schirokkalen Charakters sind hin und wieder von Staubfällen begleitet. Weniger ausgesprochen oder gar völlig maskiert ist der Sichtrückgang in einem dynamischen Wärmeeinbruch beim Vorübergang eines Hochdruckgebietes von Westen, beim Vorstoß des Azorenhochs oder beim raschen Zusammensinken polarer Luftmassen nach einem Kälteeinbruch. Der durch Föhn bedingte Wärmeeinbruch nimmt hinsichtlich der Sichtverhältnisse eine Sonderstellung ein. In den genannten Fällen ist die Maskierung der Sichtverschlechterung in steigendem Maße durch die Heranführung reiner, durchsichtiger Luft aus der Höhe und durch die mit der Erwärmung zusammenhängende Austrocknung der absinkenden Luftmassen verursacht.

Demzufolge gehören zu einer Untersuchung über die Korrelation zwischen Luftkörper und Sichtweite auch Angaben über die von den Luftmassen zurückgelegten Wege. Die schematische Gleichsetzung von Kaltluft mit Luft großer Durchsichtigkeit ist z. B. völlig verfehlt im Falle des Einbruchs einer Kaltluftschicht (PEPPLER [5], KÜNNER, DINIES) in mittleren Höhen und des Überflutens eines Warmluftkissens am Boden. Infolge des Aufstrudelns der warmen Luft (KÖNIG) macht

sich die Kaltluft entgegen der Regel als wenig durchsichtige Dunstschicht und in Form einer schnell vergänglichen Übergangserscheinung
zu Haufenwolken oder schwerem Böengewölk bemerkbar. Die jeweiligen
Sichtverhältnisse hängen also nicht nur von dem gerade angetroffenen
Luftkörper ab, sondern auch von der vorausgegangenen Auseinandersetzung desselben mit seinem Vorgänger, d. h. von der Aufeinanderfolge der Luftkörper (GEIGER).

Mit einer nachhaltigen Störung der konservativen Eigenschaften der
Kaltluft infolge Auseinandersetzung derselben mit Resten voraus-
gegangener Luftkörper muß insbesondere gerechnet werden bei Ein-
bruch von kontinental-arktischer Kaltluft und bei schlechter Ausbildung
der Front. Kommt noch eine Beeinflussung der Kaltluft durch die
Unterlage hinzu, d. h. führt die Kaltluft bereits eine große Anzahl von
Kondensationskernen mit sich infolge Anreicherung derselben auf dem
langen Wege über das Festland und erfolgt danach über dem Meer bei
ungewöhnlichen Temperaturunterschieden zwischen Meerwasser und
Kaltluft eine beträchtliche Zufuhr von Feuchtigkeit, so ist eine Labilisierung der Kaltluft mit allen Begleiterscheinungen wie Nieseln, Eisnadelfall und Sichtrückgang auf wenige Kilometer die unausbleibliche
Folge (MÜLLER).

Über dem Festland ist der Einfluß der orographischen Verhältnisse
derart stark, daß im einzelnen Fall das der Kaltluft zukommende Merkmal großer Durchsichtigkeit völlig verlorengehen kann. Am Nordabhang des Bergischen Landes (KEIL [2, 3], REINBOLD) sind seichte
Kaltluftvorstöße in der Regel mit einem Rückgang der Sichtweite bis
auf rund 3 km verbunden. Hierzu trägt das im Nordwesten vorgelagerte
Industriegebiet als Quelle für Fremdkörper und der Stau an den südlich gelegenen Höhenzügen — Rothaargebirge — in gleicher Weise bei.
Ebenso werden im Alpenvorland bei nordwestlichen Winden infolge
Staues der Kaltluft am Alpenrand die Sichtverhältnisse in Mitleidenschaft gezogen (PEPPLER [4], HANKOW). Nördliche Winde führen im
Alpenvorland häufig zur Bildung einer verbreiteten Dunstschicht als
Vorstufe von Stratusbildung. Die bei der Advektion von polarer Luft
gleichzeitig vonstatten gehende Hebung der Luftmassen hat eine Erhöhung der relativen Feuchtigkeit im Gefolge und damit eine Ver-
ringerung der Durchsichtigkeit. Kommt es aber bei lebhafteren nördlichen Winden zu einem starken vertikalen Austausch, so sind auch im
Alpenvorland ähnlich wie an der Küste gute Sichtverhältnisse zu ver-
zeichnen. Bei seichter, stagnierender arktischer Kaltluft wird infolge
des geringen Austauschkoeffizienten — bei arktischer Kaltluft beträgt
er 30 gcm/sec gegenüber 400 gcm/sec in der arktischen Luft gemäßigter
Breiten (DÖRFFLER) — von der Anreicherung mit Fremdkörpern vor
allem die untere Luftschicht betroffen, und aus demselben Grunde ist

schon bei wenig ergiebigen Quellen mit einer fortgesetzten Zunahme der Trübung der Luft zu rechnen infolge des Überwiegens der Zufuhr von Fremdkörpern über die Verteilung derselben auf einen größeren Raum durch Austausch.

Bei den bisherigen Überlegungen wurden vorzugsweise Bewegungen der Luftkörper in der Horizontalen berücksichtigt. Noch mehr Beachtung bei der Prüfung der Beziehung zwischen Luftkörper und Sichtweite verdienen die Vertikalbewegungen und die dabei auftretenden Störungen der konservativen Eigenschaften. Bei beständiger Wetterlage kann z. B. die Absinkbewegung in großen Höhen im Laufe von mehreren Tagen derartige Beträge erreichen, daß eine Entartung von Polarluft zu Tropikluft eintritt. Umgekehrt kann sich bei einer länger dauernden Steigbewegung Tropikluft in Polarluft umwandeln, ohne daß damit auch gleichzeitig das Hervortreten der für Polarluft kennzeichnenden Durchsichtigkeitsmerkmale verbunden wäre (RODEWALD [8]). Derartige aufsteigende Bewegungen, die schon bei der Annäherung einer Warmfront ausgelöst werden können, sind wegen der damit verbundenen Begleiterscheinungen der Sichtverschlechterung und gegebenenfalls auch der Vereisung, bei der Flugberatung in Rechnung zu stellen (SCHERHAG).

15. Sichtschwankungen.

Neben den Änderungen der Sicht, welche bedingt sind durch die Aufeinanderfolge verschiedener Luftkörper, gibt es noch Sichtschwankungen, welche in zeitlichen und örtlichen Unterschieden einzelner meteorologischer Elemente ihre Ursache haben. Wie schon ein Blick auf die Tabelle 13 zeigt, werden die der AK. im hohen schneebedeckten Norden über störungsfreier Unterlage zukommenden außergewöhnlichen Sichtweiten über dem Festland nicht erreicht. Auf dem Weg über das offene Meer und den Kontinent reichert sich die AK. mit Dunstteilchen an. Dabei verliert sie die ihr von Hause aus zukommende Durchsichtigkeit.

Bei der Beladung der Luft mit trübenden Teilchen spielt die Verteilung derselben auf den Raum eine ausschlaggebende Rolle. Wird z. B. die Verfrachtung des Großstadt- und Industriedunstes in größere Höhen durch eine innerhalb der unteren Luftschicht liegende Temperaturumkehr verhindert, was im Winter häufig vorkommt, so macht sich der Stadtrauch durch Herabsetzung der Sichtweite sehr viel auffälliger geltend als im anderen Fall, wenn durch Austausch das Luftplankton bis in Höhen von 2000 bis 3000 m fortgetragen wird, was im Sommer die Regel ist. Nach den Beobachtungen von M. WOLF (BERG [4]) auf dem Königstuhl bei Heidelberg ist eine Sommersicht mit guter Sichtbarkeit der Ziele während der Monate April bis August von einer Wintersicht bei trübem Wetter in der Zeit von November bis Februar zu unterscheiden. Dieses Ergebnis befindet sich in Übereinstimmung mit den Sichtschätzungen von A. Peppler [1, 2] in Karlsruhe i. B. und W. Peppler in Friedrichshafen a. B. Auch die Sichtbeobachtungen von H. E. Hamberg in Upsala lassen sich zur Bestätigung heranziehen. Die besseren Sichtverhältnisse im Sommer verdienen um so mehr Beachtung, als die Erdoberfläche in dieser Jahreszeit bei der vorherrschenden Trockenheit eine ungleich ergiebigere Quelle für die Luftverunreinigung mit Staub mineralischen und pflanzlichen Ursprungs darstellt als im Winter. Unter diesen Umständen gibt letzthin der im Sommer lebhaftere Austausch und die darauf zurückzuführende geringere relative

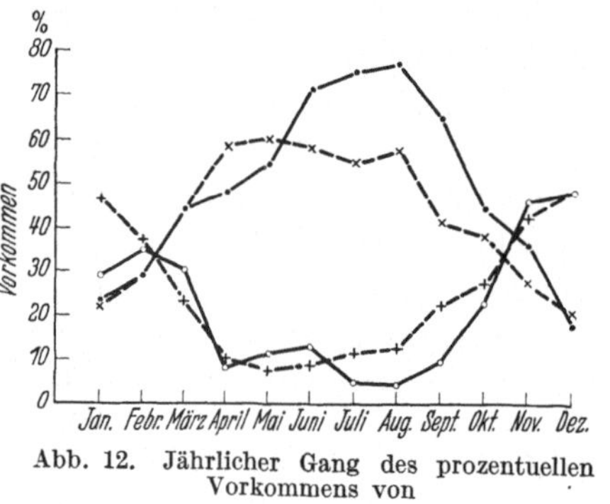
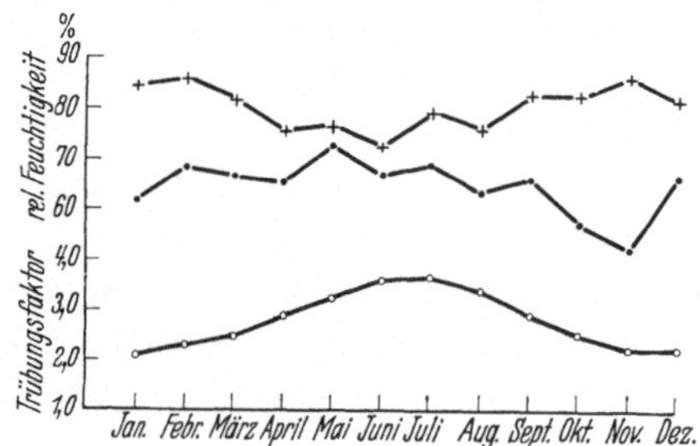

Abb. 12. Jährlicher Gang des prozentuellen Vorkommens von

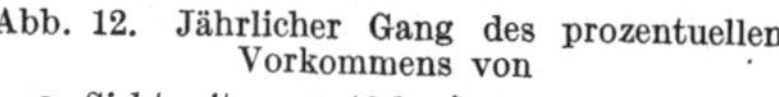
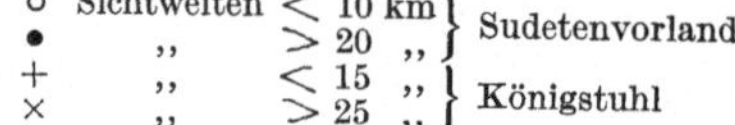

○   Sichtweiten   < 10 km ⎫
●   ,,   > 20 ,, ⎬ Sudetenvorland
+   ,,   < 15 ,, ⎫
×   ,,   > 25 ,, ⎬ Königstuhl

Abb. 13. Jährlicher Gang der relativen Feuchtigkeit in München.

+ in der unteren Luftschicht von 1000 m Mächtigkeit, ● in der Luftschicht von 3000 bis 5000 m, ○ jährlicher Gang des Trübungsfaktors im europäischen Binnenland.

Feuchtigkeit in den unteren 2000 m den Ausschlag für die Häufigkeit guter Sicht. Das zeigt ein Vergleich des jährlichen Ganges des Trübungsfaktors und der relativen Feuchtigkeit in verschiedenen Höhen mit der Häufigkeitsverteilung großer und kleiner Sichtweiten (vgl. Tabellen 14 bis 16 und Abb. 12 und 13).

Tabelle 14. Jährlicher Gang des prozentuellen Vorkommens von Sichtweiten > 20 km und < 10 km.

	Jan.	Febr.	März	April	Mai	Juni	Juli	Aug.	Sept.	Okt.	Nov.	Dez.
Sudetenvorland (Tschierske [1])												
s < 10 km	29	35	30	8	11	13	5	4	10	23	46	48
Goldberg s > 20 km	23	29	44	48	54	71	75	77	65	45	36	18
Köln (Reinbold)												
s > 20 km	8	12	16	19	22	23	22	22	21	19	15	10

Der jährliche Gang des prozentualen Vorkommens von Sichtweiten größer als 20 km erreicht seine Höchstwerte gerade in den Sommermonaten, obwohl der absolute Gehalt an trübenden Teilchen im Sommer

wesentlich größer ist als im Winter, wie aus dem Verhalten des Trübungsfaktors hervorgeht:

Tabelle 15. Mittlerer Jahresgang des Trübungsfaktors nach
F. STEINHAUSER.

	Jan.	Febr.	März	April	Mai	Juni	Juli	Aug.	Sept.	Okt.	Nov.	Dez.
Arosa (1860 m) und Hochserfaus (1800 m)	1,8	1,9	2,1	2,2	2,4	2,7	2,7	2,7	2,5	2,1	1,9	1,8
12 Stationen in Rußland und Asien .	2,1	2,2	2,4	2,8	3,0	3,2	3,2	3,1	2,8	2,6	2,2	2,1
8 Landstationen in Europa	2,1	2,3	2,5	2,9	3,3	3,6	3,7	3,5	3,0	2,6	2,3	2,3
8 große Städte in Europa	3,1	3,2	3,5	3,9	4,1	4,2	4,3	4,2	3,9	3,6	3,3	3,1

Daß die Sichtverhältnisse im Sommerhalbjahr trotz der größeren
Ergiebigkeit der Quellgebiete besser sind als im Winter, ist der Verteilung des Wasserdampfes und des Luftplanktons auf einen größeren
Raum zuzuschreiben. In den Wintermonaten wird der Wasserdampf,
wie die folgende Übersicht zeigt, sozusagen in den unteren Luftschichten
festgehalten, während er im Frühjahr und Sommer bis in eine Höhe
von 5000 m und darüber verfrachtet wird. Hieraus erhellt der enge
Zusammenhang der Sichtverschlechterung mit der Ausbildung niederer
Sperrschichten.

Tabelle 16. Jährlicher Gang der relativen Feuchtigkeit über München
nach W. PEPPLER [6].

Höhe	Jan.	Febr.	März	April	Mai	Juni	Juli	Aug.	Sept.	Okt.	Nov.	Dez.
Boden	86	86	84	75	78	72	79	79	85	87	90	87
1000 m	82	84	78	75	77	72	79	73	80	78	83	77
2000 m	73	77	68	73	76	69	76	71	75	67	66	71
3000 m	65	73	69	68	75	69	75	69	70	62	53	68
4000 m	60	68	64	65	73	68	70	64	66	57	50	66
5000 m	57	64	66	63	70	65	63	58	62	53	52	68

Der tägliche Gang der Sicht wird von der Konvektion bestimmt.
Da diese mit der Einstrahlung zunimmt, zeigt sich an Beobachtungs-
orten, die niedriger als die Konvektionsobergrenze liegen, Sichtbesserung vom Morgen über Mittag gegen Abend. Die abendliche Sichtbesserung hängt allerdings auch mit dem Wegfall der optischen Luftunruhe (Schlierenbildung) bei sinkender Sonne zusammen. Liegt die
Beobachtungsstation über der Konvektionsobergrenze, wie z. B. der
Königstuhl bei Heidelberg im Winter, so fällt die bessere Sicht auf den
Vormittag (BERG [4]).

Schon J. MAURER glaubte aus seinen Beobachtungen der Sichtbarkeit der Alpenkette auf eine langsame Verschlechterung der Fernsicht im Laufe von 50 Jahren (1865 bis 1915) schließen zu können. Zu einem ähnlichen Ergebnis kommt H. BERG [4] bei der Bearbeitung der Beobachtungen von M. WOLF auf dem Königstuhl bei Heidelberg. Auch hier wird die zunehmende Industrialisierung der Oberrheinischen Tiefebene für den vor allem zwischen 1899 und 1906 sich bemerkbar machenden Rückgang der Sicht verantwortlich gemacht. (Vgl. Abb. 5 und 6, S. 20.)

16. Relative Feuchtigkeit und Sicht.

Die Nachforschungen nach einem Zusammenhang zwischen relativer Feuchtigkeit und Sicht gehen von der Überlegung aus, daß die Zahl und Größe der lichtzerstreuenden Teilchen von der jeweiligen relativen Feuchtigkeit abhängen muß. Im Grunde wird dabei als feststehende Tatsache vorweggenommen, daß zwischen der Zahl und Größe der trübenden Teilchen und dem Feuchtigkeitsgehalt der Luft eine einfache Beziehung bestehe, eine Voraussetzung, bei der allerdings nicht übersehen werden darf, daß der Wasserdampf nur zu einem von den jeweiligen Beobachtungsbedingungen abhängigen Bruchteil in Form von Wassertröpfchen vorhanden sein kann. Trotz dieser in der Natur der Sache liegenden Einschränkung hat sich die bekannte Regel (HAMBERG) von der Sichtbesserung bei abnehmender relativer Feuchtigkeit in der Praxis weitgehend bewährt[1]. Es muß also diesem Zusammenhang ein einfacher Sachverhalt zugrunde liegen. In der Tat liefern Messungen des Trübungsfaktors in Abhängigkeit von den jeweiligen Luftkörpern hierfür einen wertvollen Anhaltspunkt. Danach lassen sich die verschiedenen Luftkörper derart in einer Reihe anordnen, daß der mittlere Trübungsfaktor gleichzeitig mit dem Dampfdruck ansteigt (LORENZ) (vgl. Tabelle 17 und Abb. 14).

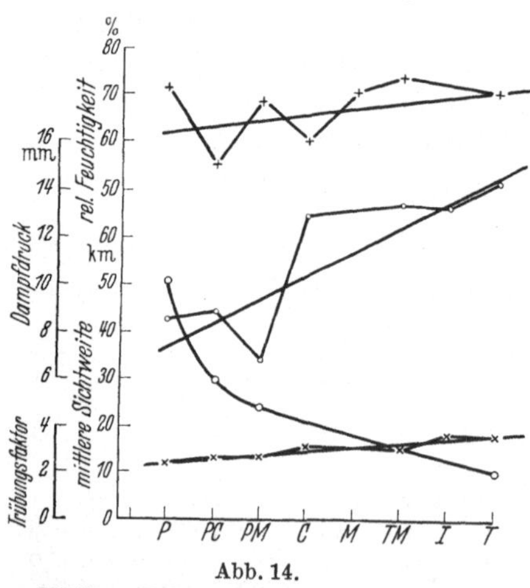

Abb. 14.

× Mittlerer Trübungsfaktor im Sommer,
o Dampfdruck im Sommer,
+ relative Feuchtigkeit im Sommer in den verschiedenen Luftkörpern,
◯ mittlere Sichtweite.

---

[1] Sie wurde zuerst von H. E. HAMBERG auf Grund von Sichtschätzungen in Upsala ausgesprochen. Auch die in der wärmeren Jahreszeit noch hinzutretende zusätzliche Trübung durch die optische Unruhe der Luft hat HAMBERG erkannt.

Tabelle 17. Dampfdruck für verschiedene Luftkörper im Sommer und Winter nach L. LORENZ.

	P	PC	PM	C	M	TM	I	T
Sommer . . .	8,5	8,8	6,8	12,9	—	13,3	13,4	14,3 mm
Winter	2,9	3,0	4,3	4,0	4,9	—	—	— mm

Die absolute Feuchtigkeit kann also in erster Näherung als konservative Eigenschaft eines Luftkörpers angesprochen werden. Nach einer statistischen Untersuchung von E. DINIES (PEPPLER [6]) gilt dasselbe auch von der relativen Feuchtigkeit, wie die folgende Übersicht zeigt. Werden die Luftkörper nach zunehmender relativer Feuchtigkeit geordnet, so folgen sie aufeinander nach abnehmender Durchsichtigkeit (vgl. Abb. 14).

Tabelle 18. Relative Feuchtigkeit für verschiedene Luftkörper im Sommer und Winter nach E. DINIES.

	PC %	PM %	P %	C %	M %	TM %	T %
Sommer	40—70	65—70	70	60	70	75	70
Winter	80	85	85	85	90	85	85—90

Die Austauschverhältnisse zwischen der bodennahen Luftschicht und der freien Atmosphäre beeinflussen die Sichtschwankungen weitgehend im Sinne der Regel. Von hier aus gesehen ergibt sich die Sichtverbesserung bei Feuchtigkeitsabnahme als die notwendige Folge der Verteilung des Luftplanktons auf einen größeren Raum. Dieser reicht im Frühjahr und Sommer bis in eine Höhe von rund 2000 m in Übereinstimmung mit den Beobachtungen der Dunstobergrenze (PEPPLER [2, 6, 12]). Die Ausbildung von Dunstschichten mit scharfen Obergrenzen wird im Einzelfall, wie z. B. in der Oberrheinischen Tiefebene, durch die orographischen Verhältnisse, d. h. die Begrenzung durch Gebirgszüge, noch begünstigt. In der kälteren Jahreszeit liegt hier die Obergrenze bei 400 bis 500 m über Grund, im Sommer bei 1500 m und darüber, je nach der vertikalen Erstreckung der thermischen Turbulenz. Über der Norddeutschen Tiefebene reicht der Dunst im Sommer bei lang anhaltender Hochdruckwetterlage bis in eine Höhe von 3000 m. Demgemäß kommen im Herbst und Winter die Störungen durch die Unterlage infolge Staub- und Rauchentwicklung mehr zur Geltung als im Sommer. Andererseits ist gerade in der kalten Jahreszeit die Kopplung zwischen Sichtbesserung und Feuchtigkeitsabnahme besonders eng, indem im Augenblick der Zerstörung der Temperaturumkehrschicht — sei es infolge Aufrollung derselben durch den Wind oder Beseitigung durch die mit zunehmender Einstrahlung wachsende thermische Turbulenz — mit der ruckartig einsetzenden Feuchtigkeitsabnahme auch die

Sicht schnell besser wird. Schon die Hebung der Dunstobergrenze im Herbst von einer Höhe von 100 bis 200 m bis in eine solche von mehreren hundert Metern über Grund und die dadurch hervorgerufene Sichtbesserung auf oft das Zehnfache der Sichtweite in den frühen Morgenstunden bietet ein Schulbeispiel für die Verwurzelung von zwei meteorologischen Elementen — Sicht und relative Feuchtigkeit — in den Austauschverhältnissen.

Die enge Kopplung des täglichen Ganges der relativen Feuchtigkeit mit der Änderung der Sichtweite hat ihre Wurzel in der Periodizität der mit der Einstrahlung parallel gehenden Schwankung der Austauschgröße. Diese kommt auch zum Ausdruck in der größeren Ungenauigkeit der Sichtschätzungen bei heiterem Himmel gegenüber den bei fast bedecktem Himmel vorkommenden Fehlern. Nach Sichtschätzungen von O. TETENS verhalten sich diese wie 0,5 zu 0,15 bei einer Bewölkung von $^0/_{10}$ bis $^3/_{10}$ bzw. mehr als $^9/_{10}$, wobei die genannten Werte die mittlere Abweichung des bei schwacher bzw. starker Bewölkung geschätzten Mittelwertes der jeweiligen Sichtstufe von den Einzelbeobachtungen angeben und einer Streuung der Sichtweiten z. B. zwischen 12 und 34 km bzw. 17 und 24 km entsprechen. Der thermisch bedingte Massenaustausch zwischen den unteren planktonreicheren und den oberen reineren Luftschichten ist im allgemeinen noch von einem dynamisch verursachten Anteil überlagert. Dieser Anteil greift entweder unterstützend oder hemmend in den periodischen Verlauf des thermisch verursachten Austausches ein, je nachdem die Änderung der Windgeschwindigkeit mit der Höhe und die damit zusammenhängende Turbulenz im Gleichschritt oder außer Tritt mit der täglichen Periode der Einstrahlung erfolgt.

Die Wirkung des Austausches kommt auch zum Vorschein bei einem Vergleich der mittleren Sichtweiten bei direkter Beleuchtung s_d und bei diffuser Beleuchtung s_f. Das Verhältnis von s_d zu s_f ist in den ersten Nachmittagsstunden im Hochsommer und Herbst größer als 1, vorausgesetzt, daß die Sichtverhältnisse in der Oberrheinischen Tiefebene in dieser Hinsicht verallgemeinerungsfähig sind. Die Änderung des Verhältnisses s_d/s_f mit der Tageszeit bringt die in den einzelnen Jahreszeiten verschieden starken Austauschströme zum Ausdruck, wie die folgende Zusammenstellung zeigt:

Tabelle 19. Verhältnis der mittleren Sichtweiten bei direkter Beleuchtung s_d und diffuser Beleuchtung s_f in Abhängigkeit von der Tagesund Jahreszeit nach Sichtschätzungen in Karlsruhe i. B. (PEPPLER [1]).

	Frühling	Sommer	Herbst
7,30 Uhr	0,8	1,0	0,5
14,30 Uhr	1,0	1,3	1,1

Auch die wiederholt bestätigte (Rao, Wadsworth, Pick [2]) Sichtverbesserung bei Cu hum-Bildung hängt mit der Abnahme der relativen Feuchtigkeit und den Austauschverhältnissen zusammen. Die Bildung von Cu hum ist ein Anzeichen für starke Konvektion in den unteren Schichten, wodurch der Staub und Dunst in größere Höhen verfrachtet und demzufolge die untere Luftschicht durchsichtiger wird. Insofern die Konvektion in der Kaltluft im allgemeinen lebhafter ist als in der Warmluft, besteht auch die von M. T. Spence unternommene Zurückführung der verschieden großen Sichtverbesserung bei Cu-Bildung auf den Opazitätsgegensatz zwischen Luft polaren und äquatorialen Ursprungs zu Recht.

Die ausschlaggebende Rolle der Austauschverhältnisse verlangt eine Rücksichtnahme hierauf schon bei der Verarbeitung von Sicht- und Feuchtigkeitsbeobachtungen, d. h. die Beobachtungen sind nach Maßgabe des Austausches und unter Bezugnahme auf die jeweilige Wetterlage zu gruppieren. Der Gepflogenheit folgend wurde aber bei den verschiedenen Untersuchungen bis jetzt lediglich eine Ordnung der Beobachtungen nach Tages- und Jahreszeiten vorgenommen. So berechnet z. B. A. Peppler [1] für eine Zunahme der Sicht von 10 km und einen Sichtweitenbereich von 3 bis 90 km nach Beobachtungen in Karlsruhe i. B. in den Jahren 1923 bis 1925 eine Abnahme der mittleren relativen Feuchtigkeit von 1,8 bzw. 2,4 % im Winterhalbjahr zu den Zeiten 7,30 bzw. 14,30 Uhr und von 1,5 bzw. 4,2 % im Sommerhalbjahr zu denselben Beobachtungsterminen. Aus einer von O. Reinbold[1] besorgten Bearbeitung der Sichtverhältnisse an den Verkehrsflughäfen Köln, Dortmund und Essen-Mülheim geht hervor, daß im Winter bei vorgegebener relativer Feuchtigkeit die Sichtweite jeweils geringer ist als im Sommer, zweifellos infolge der verminderten Einstrahlung und des entsprechend geringeren Austausches innerhalb der kalten Bodenschicht von geringer Mächtigkeit. Auf dieselbe Erscheinung, nämlich die Anreicherung der unteren Luftschicht mit Fremdkörpern — Rauch und Staub —, sind offenbar die schlechten Sichtverhältnisse am Flughafen Essen-Mülheim[2] zurückzuführen. In der richtigen Erkenntnis, daß die Sicht von der Beschaffenheit des Geländes stark beeinflußt wird, hat deshalb W. Mahrt den wechselnden örtlichen Verhältnissen durch Berücksichtigung der jeweiligen Windrichtung Rechnung getragen

---

[1] Für den Bereich der relativen Feuchtigkeit zwischen 80 und 100 % berechnet Reinbold eine Sichtverbesserung von $^1/_{10}$ Stufe der Sichtskala, bezogen auf eine Feuchtigkeitsabnahme von 1 %.

[2] Hierbei ist zu beachten, daß das Industriezentrum Mülheim-Ruhr im Nordwesten und Essen im Nordosten, d. h. im Lee der Hauptwindrichtungen, liegt. Bei Westwetterlage ist also eine Störung der Sicht durch Industriedunst ausgeschlossen. Offenbar macht sich am Flughafen Essen-Mülheim bereits der Stau an dem nach Westen und Norden terrassenförmig abfallenden Gelände bemerkbar.

und für die Flughäfen Berlin, Frankfurt a. M., Kassel und München Wahrscheinlichkeitszahlen für das Auftreten einer Sichtstufe bei bestimmter Feuchtigkeit und vorgegebener Windrichtung berechnet, welche wertvolle Anhaltspunkte für die Beurteilung der mit einer Wetterlage verbundenen Gefahren für den Flugverkehr liefern.

Allgemein gilt die Regel, daß bei schlechter Sicht stets hohe Feuchtigkeit vorhanden ist, daß aber bei hoher Feuchtigkeit nur mit verhältnismäßig geringer Wahrscheinlichkeit schlechte Sicht auftritt, d. h. daß hoher Feuchtigkeitsgehalt der Luft eine zwar notwendige, aber keineswegs hinreichende Bedingung für das Auftreten schlechter Sicht darstellt. Dieses Ergebnis zwingt zu einer stärkeren Berücksichtigung der jeweiligen Wetterlage schon bei der Ordnung der Beobachtungswerte in Gruppen. Die auf diese Weise bereitgestellten Zahlenwerte liefern im einzelnen Fall brauchbare Handhaben für die Vorhersage von Sichtverhältnissen. Ein derartiges Vorgehen[1] (BENNETT [6]) führt auch die bis dahin als Unstimmigkeit empfundene Abweichung von der Regel, nämlich die Kopplung von guter Sicht mit hohem Feuchtigkeitsgehalt der Luft nach Regenfällen (NURMINEN), auf eine nicht weiter verwunderliche Folgeerscheinung der reinigenden Wirkung der Niederschläge zurück. Auf diesem Wege findet auch der andere Ausnahmefall, nämlich das Auftreten von schlechter Sicht trotz geringer Feuchtigkeit, eine einfache Erklärung insofern, als der Hitzedunst sich als die natürliche Folgeerscheinung einer lang andauernden sommerlichen Hochdruckwetterlage und der ununterbrochenen Anreicherung der Luft mit Fremdkörpern herausstellt. An der Westküste von Nordafrika ist der Hitzedunst eine bekannte und regelmäßig auftretende Begleiterscheinung des sog. Harmattan, eines trockenen, staubführenden Windes, der den Sand der Sahara weit hinaus auf den Atlantik trägt (SEMMELHACK [1, 2]). Ebenso berichten die indischen Beobachtungsstationen einstimmig, daß bei einem Sinken der relativen Feuchtigkeit unter 60 % die Sicht sich nicht weiter bessert, sondern im Gegenteil verschlechtert infolge der schnellen Zunahme des Staubgehaltes der Luft (RAO, ALI, ROY). Im englischen Mutterland selbst und in den industriereichen Gebieten des europäischen Festlandes übernimmt die von den Feuerungen abgeworfene Flugasche die Rolle des Wüstenstaubes der niedrigen Breiten (DINES und MULHOLLAND, BENNETT [9], WADSWORTH [1, 2], PICK [5], WRIGHT [3], SELWAY).

Abschließend stellt sich die Abhängigkeit der Sicht von der relativen Feuchtigkeit folgendermaßen dar: Die Sicht wird besser, wenn die den

---

[1] In ähnlicher Weise nimmt M. G. BENNETT Stellung zu den Gepflogenheiten der statistischen Analyse und kommt dabei zu dem Schluß, daß eine ins einzelne gehende Untersuchung eines markanten Beispiels mehr Erfolg verspricht als eine einseitige Auswertung einer großen Zahl von Beobachtungen.

einzelnen Kondensationskern umgebende Wasserhaut mit abnehmender relativer Feuchtigkeit im Bereich von 100 bis etwa 60% verdampft, sie kann sich bei weiterer Feuchtigkeitsabnahme verschlechtern, wenn die Zahl der Staubteilchen und Kerne schneller zunimmt, als sich die Menge lichtzerstreuender Dunstteilchen vermindert.

Die Abhängigkeit des Gehaltes der Luft an Feuchtigkeit und lichtzerstreuenden Teilchen von dem für die Verteilung derselben zur Verfügung stehenden Raum ist nicht nur auf die untere Luftschicht beschränkt. Schon in seinen ersten Arbeiten über Dunstschichtung und Wolkenbildung hat R. Süring (Hartmann) auf die Bildung abgeschlossener Stockwerke in der freien Atmosphäre vor allem bei Schönwetterlagen aufmerksam gemacht und den verschieden hoch gelegenen Dunstschichten die Rolle von Treibhausfenstern zugesprochen. Später hat W. Peppler [12] an Hand der von Wetterflugbeobachtern gemachten Aufzeichnungen gezeigt, daß die untere Troposphäre in mindestens drei Stockwerke zerfällt, eine Bodenstörungsschicht, eine Zwischenschicht, in welcher die Dichte des Luftplanktons mit der Höhe abnimmt, und eine obere, bei 4000 m beginnende Schicht, in welcher der Dunstgehalt wieder zunimmt infolge des häufigen Auftretens von Eisnadelfall bzw. der Auflösungsprodukte hiervon, d. h. der sog. Sublimationskerne (Findeisen).

Neben dem Einfluß der Schichtbildung auf die Kopplung zwischen Feuchtigkeitsabnahme und Sichtbesserung kommt in der freien Atmosphäre noch mehr als am Boden die in demselben Sinne wirkende Abhängigkeit zwischen dem Absinken von Luftmassen und der damit verbundenen Austrocknung und Besserung der Sichtverhältnisse zur Geltung. Nach Sichtschätzungen in Höchenschwand (Bad. Schwarzwald) (Peppler [1]) in den Jahren 1890 bis 1915 waren von 193 Fällen starker Absinkbewegung, gemessen an der ungewöhnlichen Trockenheit der Luft — relative Feuchtigkeit geringer als 30% —, 160 Beobachtungen mit Alpensicht verknüpft. Auffallend geringe Feuchtigkeit wird in der freien Atmosphäre nicht nur im Kern der Hochdruckgebiete, sondern auch in deren Westquadranten und außerdem im Ostquadrant von Zyklonen beobachtet (Peppler [11]). Umgekehrt weist der Ostquadrant der Antizyklonen und der Westquadrant der Zyklonen in rund 1000 m Höhe über Grund die Höchstwerte der relativen Feuchtigkeit auf. In der Höhe sind nördliche Winde unter diesen Umständen feuchter als südliche.

Wird neben der Abnahme der relativen Feuchtigkeit gleichzeitig noch die Änderung in der Zahl der Kondensationskerne beobachtet, so ist zwischen Land- und Seewind zu unterscheiden. Bei Seewinden folgt auf eine Abnahme der Kernzahl und relativen Feuchtigkeit eine Zunahme der Sichtweite, während bei Landwinden umgekehrt zunehmende Kernzahl bei abnehmender relativer Feuchtigkeit auf wachsende Sichtweite schließen läßt.

Nach A. Wigand [1] gilt für Seewind die folgende Beziehung zwischen Sichtweite s, Sättigungsdefizit $E - e$ und Kernzahl K

$$s = \frac{\text{const}}{K} (E - e)^{2/3}.$$

Den Beobachtungsergebnissen von H. Neuberger wird die folgende Formel

$$s = \frac{\text{const}}{\sqrt[3]{K}} \left(\frac{E}{e}\right)^{2/3}$$

besser gerecht.

Nach einer Untersuchung von H. Burckhardt zeigen Luftkörper, die nicht bodengestört sind, keine wesentlichen Unterschiede in den Kernzahlen. Starke Schwankungen in den Kernzahlen treten erst auf bei der Überführung ursprünglich reiner Luftmassen in solche kontinentalen oder maritimen Einschlags, und zwar zeigt arktische Kaltluft kontinentaler Prägung die Höchstzahl an Kernen, die subtropische Luft gemäßigter Breiten maritimen Charakters die geringste Zahl an Kernen. Für die Anreicherung einer Luftmasse mit Kernen ist die Länge des von ihr überstrichenen Landweges maßgebend.

W. Leistner bringt die eigenartige Tönung des Landschaftsbildes, welche bei sehr guter Sicht entfernte Gegenstände wie mit einem grauen Schleier verhüllte Silhouetten vor dem Horizont erscheinen läßt, in Zusammenhang mit der Zunahme der Kernzahl und führt andererseits das Hervortreten der Eigenfarbe der Sichtmarken bei Seewind und guter Fernsicht auf die Abnahme der Kernzahl zurück.

Nach K. Kähler und Mitarbeiter nimmt mit besser werdender Sicht die Gesamtzahl der Kerne, die Zahl der ungeladenen und diejenige der geladenen Kerne ab. Bei sehr guter Sicht sind die positiven und negativen Kleinionen gleich stark vertreten, mit abnehmender Sicht überwiegen die positiven Kleinionen.

17. Windstärke und Sicht.

Bei der Vorhersage von Sichtänderungen pflegt man in der Praxis nicht nur den Gang der relativen Feuchtigkeit zu Rate zu ziehen, sondern auch gleichzeitig auf die Windstärke Rücksicht zu nehmen. Das zeigt z. B. schon die einfache Regel von G. Reinicke [1, 2]:

Die Feuchtigkeit in %	Die Sichtweite
nimmt ab	nimmt zu, wenn die Windstärke nicht abnimmt,
bleibt gleich	nimmt zu, wenn die Windstärke zunimmt,
	nimmt ab, wenn die Windstärke abnimmt,
nimmt zu	nimmt ab, wenn die Windstärke nicht zunimmt.

A. Peppler [1, 2] fand die Regel auch für die Verhältnisse der Oberrheinischen Tiefebene bestätigt. Durch Einbeziehung der Windrichtung in diese Überlegungen kann noch dem Einfluß der örtlichen Bodenbeschaffenheit Rechnung getragen und die Treffsicherheit der Regel im einzelnen Fall erhöht werden.

Unabhängig von den Feuchtigkeitsverhältnissen gilt über dem Festland als Regel, daß die Sicht mit der Windstärke zunimmt; über See verschlechtert sich dagegen die Sicht mit zunehmender Windgeschwindigkeit. Es erhebt sich die Frage, ob die Verbesserung bzw. Verschlechterung der Sicht in beiden Fällen mit einer Rückwirkung der Windstärke auf den Feuchtigkeitsgehalt der Luft zusammenhängt. Nach einer Untersuchung von M. T. Spence (Rao) scheint das nicht zuzutreffen; an den indischen Küstenstationen erwies sich die relative Feuchtigkeit als praktisch unabhängig von der jeweiligen Windstärke selbst bei starken, von der See her wehenden Winden. Der Zusammenhang zwischen Sicht und Windstärke sollte sich danach auf eine eindeutige Ursache zurückführen lassen. Einen Fingerzeig gibt die an den indischen Binnenlandstationen gemachte Feststellung, daß die Sicht bei starken Winden mit zunehmender Windgeschwindigkeit auch abnehmen kann. Diese Beobachtungen weisen auf die Turbulenz als Wurzel für die Abhängigkeit der Sicht von der Windstärke hin. Wenn der unteren Luftschicht mit steigender Windgeschwindigkeit entsprechend der Bodenbeschaffenheit mehr Staub zugeführt wird, als durch Austausch an die höheren Schichten abgegeben werden kann, muß der Gehalt an Fremdkörpern in der Luft mit der Windstärke zu- und die Sichtweite abnehmen. Damit ist die Sichtbesserung mit der Zunahme der Windstärke zurückgeführt auf die Verteilung des Luftplanktons auf einen größeren Raum.

Da bei der Abhängigkeit der Sicht von der Windstärke die zufälligen Einflüsse der jeweiligen Bodenbeschaffenheit zur Geltung kommen, darf nicht wundernehmen, daß das Verhalten von Sicht und Windstärke an den verschiedenen Beobachtungsstationen Unterschiede zeigt. Aus Sichtschätzungen am Flughafen Essen-Mülheim berechnet O. Reinbold für das Sommerhalbjahr eine doppelt so große Sichtbesserung, ausgedrückt in Stufen, als für den Winter — $dV/dF = 0{,}55$ bzw. $0{,}23$ Stufen —, was offenbar zusammenhängt mit dem Vorherrschen nordwestlicher Winde im Winter und dem damit verbundenen Stau der Luftmassen an den südlich gelegenen Höhenzügen des Bergischen Landes und des Rothaargebirges und der Heranführung von Fremdkörpern aus dem vorgelagerten Industriegebiet. Die Flughäfen Hamburg und Hannover zeigen weitgehende Übereinstimmung bezüglich der Besserung der Sicht bei zunehmender Windstärke mit den Verhältnissen in Essen-Mülheim (Hankow).

In Cranwell (Lincolnshire) wächst nach einer Auswertung (Pick [4]) von rund 24 000 Einzelbeobachtungen aus den Jahren 1920 bis 1927 der Prozentsatz von Fällen von Sichtweiten größer als 21 km mit der Windstärke von rund 17% bis auf 50%; die größte Häufigkeit von Sichtweiten unter 4 km entfällt auf die schwachen Winde von 0 bis 5 m·sec^{-1}, die mittleren Sichtweiten von 4 bis 21 km treten bei Windgeschwindigkeiten bis 20 m·sec^{-1} mit einem mittleren Prozentsatz von 62% auf und sinken erst bei noch größerer Windstärke auf 50% ab zugunsten von Sichtweiten größer als 21 km, alles in Übereinstimmung mit der Regel, wie die folgende Übersicht näher zeigt (vgl. Abb. 15):

Tabelle 20. Abhängigkeit der Sichtweite von der Windstärke in Cranwell (Lincolnshire) nach W. H. PICK (1920—1927).

Windgeschwindigkeit m·sec^{-1}	Prozentsatz der Beobachtungen, bei welchen die Sichtweite s		
	$s < 3{,}6$ km	$3{,}6 < s < 21$ km	$s > 21$ km
0— 5	23,2	59,5	17,3
6—10	16,9	64,6	18,5
11—15	7,4	65,2	27,4
16—20	2,8	60,4	36,8
> 20	1,3	49,6	49,1

In Helsinki (NURMINEN) wird abweichend hiervon nur beim Übergang von schwachen zu mäßigen Winden eine geringe Sichtbesserung von rund 10% beobachtet; bei mäßigen und starken Winden fehlt die Abhängigkeit der Sicht von der Windstärke. Der Einfluß der See macht sich noch entschiedener in Valentia (Südwest-Irland) (SPENCE) geltend, wo bei starken Seewinden Sichtverschlechterung mit zunehmender Windstärke auftritt, offenbar infolge des steigenden Salzgehaltes der Luft. Im Binnenland bringen dagegen die stärkeren Winde unabhängig von der Windrichtung die bessere Sicht mit sich (PICK [1]).

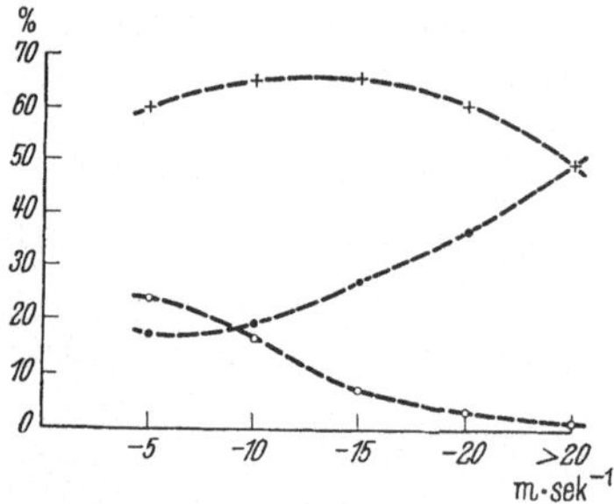

Abb. 15. Abhängigkeit der Sichtweite von der Windstärke in Cranwell (Lincolnshire).
o Prozentsatz der Beobachtungen, bei welchen die Sichtweite . $s < 3{,}6$ km
+ Prozentsatz der Beobachtungen, bei welchen die Sichtweite $3{,}6 < s < 21$ km
• Prozentsatz der Beobachtungen, bei welchen die Sichtweite . $s > 21$ km.

Die indischen Beobachtungsstationen melden übereinstimmend bei geringen und mittleren Windstärken eine Zunahme der Sichtweiten mit der Windgeschwindigkeit, dagegen eine Abnahme der Durchsichtigkeit der Luft bei großen Windstärken infolge der Anreicherung der unteren Luftschicht mit Staub bei relativen Feuchtigkeiten unter 70%, d. h. außerhalb der Regenzeit (RAO).

Auf Bergstationen weicht der geschilderte Zusammenhang zwischen Windstärke und Sicht insofern von den Verhältnissen in der Ebene ab, als die Fälle mit guter Sicht (Sichtweiten größer als 4 km) mit einer Wahrscheinlichkeit von 2 : 1 auf die schwachen Winde (nicht über Beaufort 3) entfallen. Bei Windstärken größer als Beaufort 4 legen die untersuchten Bergstationen (STEINHÄUSSER [2]) — Feldberg i. T., Wasserkuppe, Brocken, Feldberg i. S. — überhaupt kein einheitliches Verhalten an den Tag; Feldberg i. S. und Brocken haben in diesem Fall bevorzugt geringe Sicht, Feldberg i. T. und Wasserkuppe umgekehrt gute Sicht. Schließt man aber die Sicht in Wolken von der Betrachtung aus, eine Maßnahme, die wegen der Häufigkeit des Absinkens der Wolkenuntergrenze unter die Gipfelhöhe des Feldberg i. S. und Brocken angebracht ist, so ergibt sich bei allen vier Bergstationen Übereinstimmung in dem Sinne, daß auch bei Windstärken größer als Beaufort 4 Neigung zu guten Sichtverhältnissen besteht. Bemerkenswert ist dabei die mit der Höhe der Berge zunehmende Bevorzugung der Fernsichten, wie die folgende Tabelle zeigt (vgl. Abb. 16).

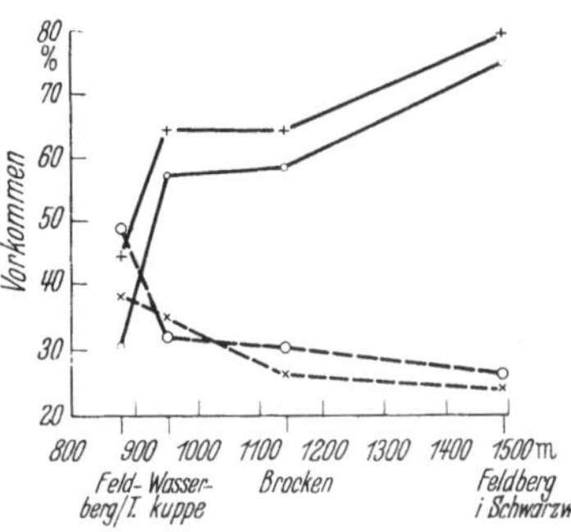

Abb. 16. Prozentsatz von Sichtweiten >50 km in Abhängigkeit von der Höhenlage der Beobachtungsstation.

o für Windstärken Beaufort 0—3
-- ,, ,, ,, >4

Prozentsatz von Sichtweiten von 2—10 km.

O für Windstärken Beaufort 0—3
× ,, ,, ,, >4

Tabelle 21. Wind- und Sichtverhältnisse auf Bergstationen nach H. STEINHÄUSSER 1926—1931.

	Prozentsatz von Fällen mit Sichtweiten von			
	0.5—2	2—10	10—50	>50 km
Feldberg i. T. Beaufort 0—3	4	28	38	30
880 m >4	5	18	33	44
Wasserkuppe ,, 0—3	5	12	25	57
950 m >4	4	14	18	64
Brocken ,, 0—3	3	10	29	58
1142 m >4	6	6	25	64
Feldberg i. S. ,, 0—3	6	6	13	75
1493 m >4	6	4	10	79

Beschränkt man die Beziehung zwischen Windstärke und Sicht auf das Binnenland und die Ebene, so kann die von A. PEPPLER für die Sichtverhältnisse in der Oberrheinischen Tiefebene aufgestellte Regel allgemeine Gültigkeit beanspruchen: „Ist bei schlechter Sicht stärkerer Wind über Beaufort 2, abnehmende relative Feuchtigkeit und Bewölkung zu erwarten, dann besteht mit sehr großer Wahrscheinlichkeit Aussicht auf Besserung der Sicht" (A. PEPPLER [1, 2]).

18. Windrichtung und Sicht.

Die Berücksichtigung der Windrichtung neben der relativen Feuchtigkeit und Windstärke hat den Zweck, den örtlichen Einflüssen der Bodenbeschaffenheit Rechnung zu tragen. Wo diese Störungen fehlen, wie z. B. an der Küste, ergeben sich einfache Zusammenhänge: Die mit Kaltluftvorstößen verbundenen nordwestlichen Winde zeigen die besten Sichtverhältnisse; östliche bis südöstliche Winde sind im allgemeinen von einer Verschlechterung der Sicht begleitet. Diese Art der Abhängigkeit der Sichtverhältnisse von der Windrichtung wird bestätigt durch Beobachtungen in Hamburg (KEIL [2], REINICKE [1]), Königsberg i. Pr. und Helsinki (NURMINEN, VÄISÄLÄ); selbst an dem schon ziemlich weit von der Küste entfernten Flughafen Hannover überwiegen noch die konservativen Eigenschaften der Luftkörper über die örtlichen Störungen. Erst die tiefer im Binnenland liegenden Beobachtungsplätze Frankfurt a. M., München und Wehnde (Kreis Worbis) weisen einen von der Orographie beeinflußten Gang der Sicht in Abhängigkeit von der Windrichtung auf: Hier bringen die nordöstlichen, südwestlichen bzw. südlichen Winde bessere Sichtverhältnisse mit sich als die nordwestlichen Richtungen. Längs des Alpenrandes scheidet der Nordwestwind als Anzeichen für Besserung der Sichtverhältnisse aus mehrfachem Grund überhaupt aus: Einerseits hat der Stau der Luftmassen am Gebirge und deren Hebung an den vorgelagerten Höhenzügen eine Vermehrung der relativen Feuchtigkeit und eine Begünstigung der Bildung von feuchtem Dunst im Gefolge, andererseits bedingen die bei Föhnlagen auftretenden südlichen Winde derart gute Sichtverhältnisse, daß im Vergleich dazu jede andere, sonst bevorzugte Windrichtung ins Hintertreffen kommen muß (W. PEPPLER [4]). Die mit nördlichen Winden verbundene Sichtverschlechterung ist nicht nur auf das Alpenvorland beschränkt, sondern erstreckt sich auch auf die ganze Oberrheinische Tiefebene (A. PEPPLER [1, 2]). Ähnlich liegen die Verhältnisse am Nordabhang des Bergischen Landes (KEIL [3], REINBOLD). Auch in Gießen (BENDER) bringen nördliche Winde schlechte Sicht mit sich. In diesem Fall wird allerdings die Abweichung von der Regel nicht als Folge der Orographie, sondern als Ergebnis der geringen Stärke dieser Winde gedeutet. Ebenso bleibt in Cranwell (Lincolnshire) (PICK [4]) die Durchsichtigkeit der von nordwestlichen Winden herangeführten Luftmassen erheblich zurück hinter der Klarheit der Luft bei südlichen und nordöstlichen Winden. Am Flughafen von Helsinki bringen nordwestliche Winde, obwohl sie von der Stadt her kommen, die bessere Sicht mit sich, die südöstlichen Winde dagegen die schlechtere Sicht, trotzdem sie vom Meer her kommen. Auch in dem 4 km nordwestwärts gelegenen Ilmala ist die Sicht bei südöstlichen Winden am schlechtesten. In diesem Fall muß allerdings die Störung durch den Stadtdunst von Helsinki berücksichtigt werden.

In Quetta (Belutschistan) (ROY) ist die Windrichtung in 500 m Höhe über Grund maßgebend für die Sichtverhältnisse. Mit nördlichen Winden ist in 61% aller Fälle eine Sichtweite größer als 50 km verbunden;

die gleich häufigen südlichen Winde bedingen in 70% aller Beobachtungen Sichtweiten kleiner als 4 km. Gemäß der Lage von Quetta in
dem gegen den Indus hin abfallenden Bergland ist bei den nördlichen
Winden eine föhnige Begünstigung der Sichtverhältnisse im Spiele.

Im Alpenvorland kommt die Wirkung des Föhns insbesondere in
der Luftschicht zwischen 1000 und 2000 m NN deutlich zum Vorschein
(W. Peppler [5]). In 1000 m NN liegt das Minimum der relativen
Feuchtigkeit bei den südlichen Winden, das Maximum bei den nördlichen. Der Unterschied zwischen den beiden Extremwerten schwankt
mit der Jahreszeit zwischen 35 und 54%. In 3000 m NN ist kaum
noch eine Abhängigkeit der relativen Feuchtigkeit von der Windrichtung feststellbar. Die Luftschicht unter 1000 m NN bleibt häufig unter
dem Schutz eines Kaltluftkissens am Boden von der Föhnströmung
unberührt.

19. Trübung der Luft durch Rauch und Staub.

Zu den die Sicht herabsetzenden Fremdkörpern gehören vornehm-
lich Rußteilchen, Flugasche und Staub. Die Luftbewegung sorgt für
die Verteilung dieser trübenden Teilchen auf einen größeren Raum.
Fehlt der Austausch oder ist seine Wirkung eingeschränkt, wie z. B.
beim Vorhandensein von Sperrschichten, so tritt die Anreicherung der
Luft mit trübenden Teilchen als trockener Dunst in Erscheinung. Bei
lang andauernder Hochdruckwetterlage (Grunow), wie z. B. während
der Trockenperioden der Jahre 1893, 1904, 1911, 1920/21, 1928/29,
hebt sich der Großstadtdunst von Berlin (Reidat), London (Entwistle) und Paris (Besson [2]) als Hitzedunst in Form einer Rauch-
fahne von 50 und mehr km Länge von der Umgebung ab. Verhindert
eine in wenigen hundert Metern Höhe über Grund liegende Sperrschicht
die weitere Ausbreitung der trübenden Teilchen in der Vertikalen, so
bleibt die Flugsicht insbesondere dicht unterhalb der Inversion hinter
der Horizontalsicht am Boden beträchtlich zurück (Dinkelacker). Bei
schwacher Luftbewegung werden auch die Sichtverhältnisse auf den in
Stadtnähe liegenden Flughäfen durch den trockenen Dunst in Mitleidenschaft gezogen. Im Hitzedunst der Großstädte sinkt die Sichtweite
nicht selten auf wenige hundert Meter ab. In Paris[1] wurde schon
trockener Staubnebel beobachtet, in welchem man in einem Umkreis
von 200 m nichts mehr erkennen konnte. Die Störungen durch Stadtdunst können sich auch in Schwankungen der Sichtweite mit der Tageszeit geltend machen. Für die beiden Minima um 8 und 12 Uhr im täglichen Gang der Sichtweite am Flughafen Helsinki wird z. B. von
A. Nurminen der Stadtrauch verantwortlich gemacht.

---

[1] Annuaire de l'Observ. Municipal de Montsouris 1897, S. 226.

Noch in nennenswerter Entfernung von den Großstädten bringen die vom Stadtinnern her wehenden Winde Sichtverschlechterung. Der nachteilige Einfluß erstreckt sich bei den obengenannten Hauptstädten bis auf eine Entfernung von 50 km und mehr. An dem 64 km südwestlich von London gelegenen Beobachtungsplatz Haslemere (RUSSEL) treten z. B. die geringsten Sichtweiten bei nordöstlichen, von der Stadt her wehenden Winden auf. Ebenso macht sich bei fehlender Turbulenz (Wind) und Konvektion (Einstrahlung), d. h. vor allem im Winter, der Stadtdunst von London noch in dem fast 100 km davon entfernt liegenden Manston (Südostecke von England) bei West- und Westnordwestwinden bemerkbar; östliche Winde tragen den Dunst des rund 90 km entfernten belgischen Industriegebietes — ähnliche Wetterlage vorausgesetzt — über den Kanal bis zur englischen Küste (CROSSLY u. WILDE). Auch für den Sichthorizont der rund 25 km nördlich von London gelegenen Beobachtungsstation Goff's Oak, Herts, liegt eine Bestätigung der Sichtverschlechterung bei von der Stadt her wehenden Winden vor (CHAMPION).

Eine Untersuchung der Strahlungsverringerung durch den Pariser Stadtdunst führte bei feuchten Westwinden noch in 10 km Entfernung vom Stadtrand auf einen gut feststellbaren Strahlungsverlust. Mit der Entfernung vom Stadtrand nimmt die Strahlungsverringerung seltsamerweise nicht ab, sondern zu. Dieses Beobachtungsergebnis wird der Quellung der Luftverunreinigungen in der feuchten Luft bei Westwetter zugeschrieben (BESSON [2]). Auch O. REINBOLD schließt aus einer Bearbeitung der Sichtverhältnisse an den Flughäfen Essen, Dortmund und Köln, daß die Sicht weniger beeinträchtigt wird durch die mechanische Trübung von Rauch, Flugasche und Staub als durch die Eigenschaft dieser Partikel, bei hinreichender Feuchtigkeit Kondensationskerne zu bilden. An den Flughäfen Köln und Essen berechnet sich im Bereich der relativen Feuchtigkeit zwischen 80 und 100% die Sichtverbesserung pro Prozent Feuchtigkeitsabnahme zu 0,1 Stufen der Sichtskala, d. h. zu rund 1 Stufe für eine Abnahme der relativen Feuchtigkeit von 10%. In vereinzelten Fällen kann die Verdichtung von Industrie- und Stadtdunst bis zur Bildung von Nebel fortschreiten. H. H. LAMB [2] konnte die Bildung von Nebel durch den Rauch und Staub von Glasgow nordnordöstlich vom Industriezentrum in der Gegend der Ochil Hills bis zu einer Entfernung von 64 km leewärts von Glasgow verfolgen. Im Devon-Tal westlich von Kinross sank die Sichtweite bei leichtem Regen unter 500 m. Den Regenfall erklärt LAMB als Folge der Schirmwirkung des Nebels, wobei der Nebel für die Temperaturerniedrigung sorgte, die nötig ist, um den Wasserdampf zum Niederschlagen auf die Staub- und Rauchteilchen zu bringen bzw. ein Wachsen der größeren Tröpfchen auf Kosten der kleineren Nebelteilchen zu veranlassen.

Eine außerhalb der sommerlichen Hochdruckwetterlagen erfolgende Herabsetzung der Sichtverhältnisse durch Staub mineralischer Herkunft wird in unseren Breiten hin und wieder in Abständen von Jahrzehnten beobachtet. In der Nähe von Steppen und Wüsten — wie z. B. an der Westküste von Nordafrika, im Mittelländischen Meer, in Indien, Nordamerika — gehören diese Störungen zu den regelmäßig außerhalb der tropischen Regenzeit auftretenden Erscheinungen. Die Staubtrübungen treten auf entweder als Staubdunst, Staubnebel, Staubfegen, Staubstürme oder Staubwolken. Vom Standpunkt der Strömungsforschung aus gesehen nimmt die Staubwand insofern eine Sonderstellung ein, als die Natur in diesem Fall einen über den Rahmen von Laboratoriumsverhältnissen hinausgehenden Versuch im großen vorführt, dem zu entnehmen ist, daß in der Kaltluft selbst dicht hinter der Front aufsteigende Luftbewegung zur Ausbildung gelangt, welche den Staub vom Boden aufwirbelt und in die Höhe befördert (KOSCHMIEDER [4]). Das Land der Kaltluftstaubwände ist Djidda, Mesopotamien und Südpersien. Die der Wirklichkeit am besten gerecht werdende Schilderung eines Kaltluftstaubsturmes stammt von T. E. LAWRENCE.

In der Sahara treten die Staubstürme überwiegend als heiße SW-Winde auf, vereinzelt auch im Gefolge von Kaltlufteinbrüchen, ohne daß dabei Staubwände beobachtet werden. Die Staubwolken werden als ziegelrot bis ockergelb beschrieben (PETITJEAN).

In der Zeit von Anfang Dezember bis Anfang März verfrachtet der NE-Passat („Harmattan", haramata = Dunstzeit in der Sprache der Eingeborenen von Guinea) den Saharastaub weit hinaus auf den Atlantischen Ozean (SEMMELHACK [2, 3], PUMMERER, SMITH). Die durch den Staub bewirkte Herabsetzung der Tageshelligkeit findet ihren Ausdruck in der Bezeichnung „Dunkelmeer" für die Gewässer im Gebiet der Kapverdischen Inseln. Staubstürme von der Stärke des Harmattan können wegen der damit verbundenen Verschlechterung der Sicht bis auf wenige Kilometer und infolge Gefährdung des sicheren Ganges der Motore zu einem Hindernis für den Luftverkehr ausarten.

Auch die Staubtrübungen über dem Mittelländischen Meer werden dem Staub der Sahara zugeschrieben[1] (GRAFF [2]). Sogar die Staubfälle in Mitteleuropa werden mit der nordafrikanischen, häufig Staub führenden Schirokkoluft in Zusammenhang gebracht. Die Beteiligung derselben an der Bildung von Zyklonen der Zugstraße V b wird herangezogen zur Erklärung der Häufigkeit von Staubfällen in Schlesien (RODEWALD [7]). Bis Ende des 19. Jahrhunderts wurde die Quelle für diese Staubfälle in einem äquatorparallelen Staubring in hohen Atmosphärenschichten gesucht. Erst die Untersuchung des Staubsturmes

---

[1] Außerhalb der Schirokkozeit ist die Luft über dem Mittelländischen Meer ungewöhnlich durchsichtig.

vom 9. bis 12. März 1901 durch G. HELLMANN und W. MEINARDUS erbrachte den Nachweis, daß als Ursprungsgebiet für den in Süd- und Mitteleuropa niedergefallenen Staub, der zu rund 2 Millionen Tonnen geschätzt wird, nur die Sahara in Frage kommen kann. Auch der große Staubfall vom 26. bis 29. April 1928 (RODEWALD [4, 5, 6] scheint mit Schirokkowetter zusammenzuhängen; die Staubmassen stammen in diesem Falle allerdings aus der Ukraine und Nordwestkaukasien. Der Nachweis der Herkunft des Staubes aus den genannten Quellgebieten stützt sich vor allem auf eine genaue Untersuchung der staubführenden Luftmasse und des von ihr zurückgelegten Weges. Über die Beweiskräftigkeit der chemischen Analyse der einzelnen Bestandteile des Staubes gehen die Meinungen auseinander. Es ist nicht leicht, einen Bestandteil anzugeben, der so kennzeichnend und so selten ist, daß er das Gebiet, welches als Ursprung des Staubes in Frage kommen könnte, mit Sicherheit bestimmen läßt (PETITJEAN, BEAULIEU u. GAMBERT).

Die noch umstrittene Behauptung (GEHRCKE) von der heilbringenden Wirkung des Saharastaubes hat neuerdings wieder die Aufmerksamkeit auf die Verfrachtung von Saharastaub über die Alpen bis nach Mitteleuropa gelenkt. Saharastaubfälle scheinen in unseren Breiten mit einer größeren Häufigkeit vorzukommen, als man bisher anzunehmen geneigt war[1] (GLAWION [1, 2]).

In Mitteleuropa selbst zur Ausbildung gelangende Staubstürme gehören zu den seltenen Ereignissen. Bei dem Staubsturm in Mitteldeutschland am 7. April 1932 (RODEWALD [6], ARENHOLD) trafen mehrere günstige Umstände gleichzeitig zusammen, nämlich eine vorausgegangene mehrwöchige Trockenzeit in den Lößgebieten von Sachsen, Austrocknung der Luft durch Einstrahlung kurz vor dem Sturm, Rückgang der relativen Feuchtigkeit bis auf weniger als 50% und Begünstigung der ungewöhnlichen Böigkeit durch einen überadiabatischen Temperaturgradienten[2] (WEXLER [1]). Bemerkenswert bei diesem Staubsturm ist die auffallende Verschlechterung der Sicht bis auf 30 m und die Aufwirbelung der gelblichbraun gefärbten Staubwolken bis in Höhen von 800 bis 1000 m und darüber.

Die Staubstürme sind in der Regel von einer auffälligen, farbigen Tönung des Landschaftsbildes begleitet. Die Beleuchtungsverhältnisse während des Staubsturmes vom 26. bis 29. April 1928 werden z. B. wie

---

[1] Mit Hilfe eines OWENSschen Staubzählers und des Konimeters von Zeiss konnten in der Zeit von März 1936 bis Oktober 1937 in Arosa nicht weniger als 15 Staubfälle festgestellt werden.

[2] Auch der in Nordamerika im Frühjahr beobachtete größere Staubgehalt der Luft wird in Zusammenhang gebracht mit dem im April und Mai stärkeren Temperaturgradienten von im Mittel 6,1° für die untere Luftschicht von 1000 m Mächtigkeit gegenüber nur 4,6° im September und Oktober.

folgt beschrieben: „Die Sonne hatte das Aussehen einer hellblauen Scheibe, in welche man ohne Mühe für kurze Dauer mit bloßem Auge blicken konnte." ... „Das direkte Sonnenlicht, das in Spalten eindrang, gab grelle, lichtblaue Streifen." ... „Das Sonnenlicht, das durch die Staubwolkendecke drang, verlieh allem eine phantastische, bläuliche Beleuchtung." (RODEWALD [4].) Als Träger dieser optischen Erscheinungen kommen kleinste Teilchen zerriebenen Gesteins in Frage. Trotz dieser Einheitlichkeit bezüglich der letzten Ursache werden auffällige Unterschiede in der Veränderung des Landschaftsbildes beobachtet. Die Farbe der Staubwolken zeigt alle Abwandlungen vom lichten Gelb über braune Töne mit rötlichem Stich bis zum schmutzigen Grau. Die leichteren Staubtrübungen über dem Mittelländischen Meer und an der Westküste von Nordafrika lassen die Sonne als rote Scheibe in Erscheinung treten. Die stärkeren Staubstürme verhüllen die Sonne bis auf das wenige, durch die Lücken der Staubwolken fallende, fahlblaue Licht. Diese Unterschiede hängen mit der Größe der Staubkörner zusammen. Bei dem Staubsturm vom 26. bis 29. April 1928 traten unter den 1 bis 500 μ großen Staubkörnern die Teilchendurchmesser von 30 μ mit maximaler Häufigkeit auf. Es handelt sich also um einen ungewöhnlich grobkörnigen Staubfall[1] (RUSSEL). Der Rückschluß von den vermessenen Teilchengrößen auf die Häufigkeitsverteilung in den noch schwebenden Staubwolken ist allerdings wegen der Vernachlässigung der Aussinterungsvorgänge nicht bindend. Trotzdem läßt die beim Staubsturm von Ende April 1928 beobachtete Teilchengröße aber doch eine Verlagerung des Schwerpunktes der Häufigkeitsverteilung über denjenigen Bereich hinaus vermuten, in welchem die Zerstreuung des Lichtes nach den RAYLEIGHschen Gesetzen erfolgt. Nach der MIEschen Theorie (STRATTON u. HOUGHTON) wird aber bei wachsender Teilchengröße das blaue Streulicht von gelblichen und rötlichen Farbtönungen abgelöst. Mit der Zunahme der Lichtzerstreuung im langwelligen Teil des Spektrums muß demnach die Farbe des direkten Sonnenlichtes von rot nach blau umschlagen, wie es den Beobachtungen entspricht. Demzufolge braucht auch die gelegentlich bei Staubstürmen in Amerika beobachtete bläuliche Tönung der Sonnenscheibe nicht als Kontrastfarbe gegenüber der fahlgelben Umgebung von Staubwolken gedeutet zu werden, zumal der gleichzeitig gemessene Farbenindex des Sonnenlichtes auf eine Blauverfärbung hinweist (ELVEY).

---

[1] Der Industriestaub in der Nähe von Großstädten besteht zu mehr als 90% aus Teilchen der Größenordnung unter 1 μ. In dem am 12. April 1934 in Baton Rouge (La.) gefallenen Staub waren die Teilchen mit einem Durchmesser von mehr als 25 μ nur zu einem Prozentsatz von weniger als 5% vertreten.

20. Nebelsicht.

Die Nebelsicht zeichnet sich äußerlich als Erscheinungsform dadurch aus,

1. daß schwarze Ziele im Nebel auf größere Entfernung sichtbar sind als Ziele mit einer Albedo ungleich Null;

2. daß in den horizontalen Sichtweiten nach verschiedenen Himmelsrichtungen azimutale Richtungsunterschiede auch bei Zielen mit einer Albedo ungleich Null nicht vorkommen, der Sichthorizont von Zielen beliebiger Albedo im Nebel mithin ein Kreis um den Beobachter als Mittelpunkt darstellt;

3. daß im Falle von dünnem, geschichtetem Nebel beträchtliche Unterschiede in der Schrägsichtweite — Sicht vom Boden schräg aufwärts — vorkommen.

Bäume und Sträucher verhalten sich im Nebel wie schwarze Ziele, d. h. ihre Umgebung verschwindet im Nebel, während sie selbst wie vereinsamt sich im Nebel abheben und so dem Dichterwort recht geben:

> „Seltsam, im Nebel zu wandern,
> Einsam ist jeder Busch und Stein,
> Kein Baum sieht den andern,
> Jeder ist allein." HERMANN HESSE.

Den bei dünnen Nebelschichten vorkommenden ungleichen Schrägsichtweiten wird in der Praxis des Flugwetterdienstes Rechnung getragen durch die Unterscheidung zwischen „Zenith sichtbar" oder „Zenith nicht sichtbar", welche häufig gleichbedeutend ist mit der Feststellung: Sicht zum Boden vorhanden bzw. nicht vorhanden. Vergleichende Untersuchungen, welche gleichzeitig auf die wechselnden Beleuchtungsverhältnisse Rücksicht nehmen, liegen noch nicht vor. Ebenso bleibt noch zu untersuchen, von welchem Grad der Dunstdichte ab der Sichthorizont für Ziele einer Albedo ungleich Null kreisförmig wird.

Die verhältnismäßig rohe Einteilung der Nebelsicht in die Bereiche 0 bis 50 m, 50 bis 200 m, 200 bis 500 m und 500 bis 1000 m nimmt von vornherein auf den Umstand Rücksicht, daß in der Nähe der Wetterwarten nur selten geeignete Sichtmarken, in diesem Fall schwarze Ziele, zur Verfügung stehen, weshalb die Sichtschätzungen im Nebel mit großen Fehlern behaftet sind. Um Nebelsichtweiteschätzungen auf denselben Grad der Genauigkeit zu bringen, der bei Vorhandensein von bewaldeten Höhen in geeigneten Entfernungen auf günstig gelegenen Bergstationen bei der Schätzung mittlerer Sichtweiten erreicht wird, ist die Aufstellung von schwarzen Scheiben gleichen Sehwinkels in Entfernungen bis 1 km eine unerläßliche Vorbedingung. In der Praxis des Flugwetterdienstes geht die Entwicklung dahin, die ungenauen Schätzungen der für die Flugsicherung bedeutsamen geringen Sichtweiten zu ersetzen durch exakte physikalische Messungen der Durchlässigkeit von Dunst und Nebel mit Hilfe von Sichtmeßgeräten.

Die Sonderstellung, welche der Nebel als Erscheinungsform einnimmt, ist letzthin auf die Verschiedenheit der Vorgänge bei der Lichtschwächung im Nebel im Vergleich zur Lichtzerstreuung bei einem mittleren Trübungszustand der Atmosphäre zurückzuführen. Diese Ausnahmestellung des Nebels kommt auch zum Ausdruck in dem zur Zeit noch bestehenden Nebeneinander von zwei verschiedenen Arten der Beschreibung der Lichtschwächung im Nebel.

H. KOSCHMIEDER [1] und L. FOITZIK [5] machen keinen Unterschied zwischen der Lichtzerstreuung an Dunst- bzw. Nebelteilchen und halten auch für den Bereich der Nebelsicht die Gültigkeit des Exponentialansatzes für die Schwächung einer Lichtquelle aufrecht, wonach die Lichtstärke J_0 in der Entfernung l nach Maßgabe des mittleren Zerstreuungskoeffizienten a_0 in der Horizontalen auf den Betrag J geschwächt wird entsprechend der Formel

$$ J = \frac{J_0}{l^2}\, e^{-a_0 l}. $$

Die ältere von W. TRABERT vertretene und von V. CONRAD, A. WAGNER, R. DIETZIUS, R. MECKE, F. ALBRECHT und neuerdings wieder von I. LANGMUIR und W. F. WESTENDORP übernommene Anschauung behandelt dagegen die Nebelteilchen als undurchsichtige Scheibchen und setzt den mittleren Zerstreuungskoeffizienten gleich dem Wirkungsquerschnitt $n\pi r^2$ von n Teilchen des Radius r. Bei der Aufstellung der Differentialgleichungen greifen DIETZIUS, MECKE und ALBRECHT auf eine von A. SCHUSTER entwickelte und zunächst nur auf Sternatmosphären angewandte Darstellung zurück, wonach die Beleuchtungsverhältnisse im Nebel mit Hilfe von zwei Strahlungsströmen, einem nach vorwärts und einem nach rückwärts gerichteten Fluß, beschrieben werden. Dabei gibt MECKE, auf Rechnungen von C. WIENER fußend, den Prozentsatz des nach vorwärts gestreuten Lichtes nach einmaliger Streuung zu 92,75%, denjenigen des nach rückwärts gehenden Teiles zu 7,25% an, DIETZIUS berechnet für völlig diffuses Licht den nach rückwärts gestreuten Anteil zu 19,5%, und ALBRECHT nimmt noch auf die Änderung des Reflexionskoeffizienten je nach dem Einfallswinkel des Lichtes bzw. der Zahl der Streuprozesse Rücksicht.

In Anlehnung an gaskinetische Vorstellungen führen LANGMUIR und WESTENDORP eine mittlere freie Weglänge ein und legen sie näher fest durch die Bedingung, daß das nach vorwärts gerichtete Licht nach Zurücklegung der mittleren freien Weglänge auf den Bruchteil $1/e$ geschwächt sein soll. Für die Leuchtdichte H in einer Entfernung l von der Lichtquelle J_0 innerhalb einer Nebelschicht vom halben Durchmesser r ergibt die Rechnung einen von der freien Weglänge r abhängigen Ausdruck:

$$H = \frac{3I_0}{16\pi^2 r}\left[\frac{1}{l} - \frac{1}{r}\right] \quad \text{für } l < r.$$

Im nebelfreien Raum berechnet sich die Leuchtdichte zu:

$$H' = \frac{I_0}{4\pi^2 l^2} < H \quad \text{für } l > r,$$

d. h. in einer Entfernung kleiner als die mittlere freie Weglänge fällt die innerhalb eines Nebels gemessene Leuchtdichte größer aus als im nebelfreien Raum.

Vorhersage von Nebelsicht.

Für die Vorhersage von Nebelsicht stehen einerseits physikalische Meßwerte (WIGAND [8]) wie Lufttemperatur, relative Feuchtigkeit, Taupunkt, nächtliches Minimum der Boden- und Lufttemperatur, Abkühlungsgröße, Windstärke und andererseits synoptische Betrachtungen über die Wetterlage zur Verfügung. Im Falle von Frontalnebel bietet die Wetterkarte wertvolle Anhaltspunkte für die Vorhersage. Handelt es sich aber bei der Nebelbildung um einen örtlich beschränkten Vorgang innerhalb einer ruhenden Luftmasse auf Grund der gerade herrschenden Feuchtigkeits- und Strahlungsverhältnisse und der besonderen Bodenbeschaffenheit, so bleibt nur ein Zurückgreifen auf den Gang von Temperatur und Feuchtigkeit und ein Abwägen der verfügbaren Meßwerte übrig.

Die Vorhersage von Nebelsicht mit Hilfe der Wetterkarte hat die verschiedenen Entstehungsbedingungen der einzelnen Arten von Nebel zur Grundlage (WILLET, EGERSDÖRFER). In den meisten Fällen sind aber die bei der Nebelbildung wirksamen Ursachen nur unvollständig bekannt. So kommt es, daß die Vorhersage des Nebeleintritts in der Praxis des Flugwetterdienstes zurücktritt gegenüber der Ankündigung der Auflösung des Nebels, wofür die zunehmende Einstrahlung in den Vormittagsstunden und die Ausbildung von Föhnströmungen hinter Bodenerhebungen wertvolle Anhaltspunkte liefern.

I. Vorhersage von Frontalnebel.

Zu unterscheiden sind Nebel vor, hinter und beim Vorbeizug einer Front.

a) Nebel vor der Front.

Bei der Vorhersage von Nebel vor der Front ist der Einfluß des örtlichen Druckfalles abzuwägen, ferner die Zunahme der Sättigung der unteren Luftschicht durch Niederschläge und die durch Verdunstung hervorgerufene Abkühlung. Vor einer Warmfront begünstigen Stille oder schwache Winde besonders im Winter die Nebelbildung. Vor einer Kaltfront, d. h. im Bereich des warmen Sektors, wird die zur Nebelbildung erforderliche Abkühlung nur über See zu jeder Jahreszeit erreicht, über dem Festland dagegen nur im Winter. Kennzeichnend für die Nebel vor der Front ist ihre Verteilung in schmalen Zonen und ihr plötzlicher Abbruch an der Front selbst (GEORGII [1, 2]).

b) Nebel hinter der Front.

Die Bildung von Nebel hinter einer Warmfront setzt eine kalte Landoberfläche voraus und wird gefördert durch Vermischung mit Resten der an der Front liegenden Kaltluftmasse. Bei Auflösung des Nebels infolge fortschreitender Okklusion ist nur mit allmählicher Sichtbesserung innerhalb der trüben Warmluft zu rechnen. Die hinter einer Böenlinie herrschende Turbulenz läßt selbstverständlich das Zustandekommen eines Nebels hinter einer Kaltfront nicht zu.

c) Nebel beim Vorbeizug einer Front.

Die Vorhersage von Nebel beim Vorbeizug einer Front ist gleichbedeutend mit dem Abschätzen des Absinkens der Wolkenuntergrenze. Besondere Beachtung verdient die durch Hebung verursachte Abkühlung der unteren Luftschicht bei Annäherung der Front an eine Hochfläche, der vor Höhenzügen und Küstenlinien eintretende Stau und die beim Überstreichen von Hindernissen in der Frontalzone zu erwartende Verwirbelung beider Luftmassen. Diese durch die Geländebeschaffenheit bedingten, oft überraschenden Wirkungen können sich auch noch bei schon beginnender Okklusion bemerkbar machen. Die Dauer des Zustandes aufliegender Wolken überschreitet im Falle des Durchzuges einer Kaltfront selten eine Stunde.

II. Vorhersage von Luftmassennebel.

Unter den Luftmassennebeln nimmt der maritime Nebel in mehrfacher Hinsicht eine Sonderstellung ein: Er tritt an der englischen und deutschen Küste, insbesondere an der Ostseeküste, verhältnismäßig häufig auf, setzt meist plötzlich ein und erstreckt sich auf weite Entfernungen. Im Unterschied dazu neigen die Strahlungsnebel — Bodennebel und Hochnebel — zu örtlich beschränktem Auftreten, unterliegen in oft unberechenbarer Weise zufälligen Einflüssen des Geländes, brauchen meist Zeit zu ihrer Bildung und machen sich auch häufig schon vorher durch die Zunahme des Dunstes besonders an der Temperaturumkehrschicht bemerkbar, ein Vorgang, der mit Hilfe des Wolkenscheinwerfers beim Auftreten tellerförmiger Erhellungen im Lichtkegel leicht nachweisbar ist. Der Bodennebel stellt ein allenthalben in Europa und Nordamerika anzutreffendes, häufiges und unregelmäßig auftretendes Flughindernis dar. Maritime Nebel werden verhältnismäßig oft auf der Strecke Berlin—Königsberg angetroffen. Hochnebel wird vorzugsweise auf der Strecke Berlin—Hannover beobachtet.

a) Vorhersage von maritimem Nebel.

Bei der Vorhersage von maritimem Nebel ist auf den notwendigen Temperaturunterschied zwischen Land und Wasser zu achten. Kommt noch das Vorrücken von maritimen Kaltluftmassen hoher Feuchtigkeit über eine kalte Landfläche hinzu, so ist mit der Bildung von Nebel zu rechnen. Mit dem Aufhören der Zufuhr von Wärme und Feuchtigkeit vom Meere her und mit dem Erkalten der feuchten Luftmassen über dem Binnenland setzt die Nebelbildung ruckartig ein. Klarer Himmel beschleunigt den Vorgang. Die stabile Temperaturschichtung gewährleistet eine unberechenbare Dauer des Nebels.

b) Vorhersage von Bodennebel.

Selbst wenn alle erfaßbaren Voraussetzungen für die Bildung von Bodennebel erfüllt sind, ist die Vorhersage noch mit Unsicherheit behaftet. Warum in einzelnen Fällen die Nebelbildung entweder ganz ausbleibt oder hinausgeschoben wird zugunsten der Tauablagerung, ist noch ungeklärt. Klarer Himmel, Windstille oder Windstärke nicht über $7 \, \text{m} \cdot \text{sec}^{-1}$ als Vorbedingungen für die Ausbildung einer starken Bodeninversion mit einem positiven Temperaturgradienten der Größenordnung $+1°$ auf 1 m (KÜHNERT [2]), hohe relative Feuchtigkeit und großer Kerngehalt der Luft (DEFANT) sind zwar notwendige, aber keineswegs hinreichende Voraussetzungen für die Bodennebelbildung. Daß Bodennebel häufig vergesellschaftet sind mit SW-Winden, scheint durch die Kopplung des Luftdruckfalles mit dieser Windrichtung und durch das Vorherrschen ruhigen Strahlungswetters im warmen Sektor bedingt zu sein (WEGENER [1]). Im einzelnen Fall überwiegen aber die örtlichen Einflüsse. Die Abhängigkeit der Nebelbildung von der Windrichtung läßt sich nur in einer von Fall zu Fall gültigen Regel zum Ausdruck bringen, weil die jeweilige Verteilung von Sumpfgebieten, Siedlungen, Industrieanlagen, Wald, Flachland und Gebirge auf die verschiedenen Windsektoren den Ausschlag für die Nebelhäufigkeit bei bestimmter Windrichtung gibt (SCHREIBER [1, 2]).

Wertvolle Anhaltspunkte für die Bildung von Bodennebel lassen sich aus dem Verlauf der Luft- und Taupunktstemperatur und ihrer Differenz gewinnen. Sinkt diese Differenz bis auf $0,5°$, ohne sich während der Dauer von mindestens einer Stunde zu ändern, und fällt die Lufttemperatur und der Taupunkt nur noch langsam, so ist mit Nebelbildung zu rechnen (MALSCH). Der bevorstehende Eintritt des Nebels ist gekennzeichnet durch einen langsamen Wiederanstieg der Lufttemperatur und des Taupunktes, der sich über einen Zeitraum bis zu einer halben Stunde erstrecken kann und an den sich ein schneller Fall anschließt. Die Wiederzunahme der Temperatur rührt von der bei der ersten Kondensation frei werdenden Dampfwärme her und ist ein sicheres Anzeichen für baldige Nebelbildung.

Eine andere Möglichkeit der Vorhersage von Bodennebel ergibt sich nach Beobachtungen von W. MALSCH aus dem Gang der Differenzen zwischen Lufttemperatur und nächtlichem Minimum einerseits und Taupunktstemperatur und nächtlichem Minimum andererseits, die beide kurz vor Eintritt des Nebels gegen denselben Grenzwert konvergieren. Das Verfahren setzt die Kenntnis des nächtlichen Minimums der Lufttemperatur voraus. In diesem Zusammenhang verdient eine von K. WEGENER [2] vorgeschlagene Meßanordnung zur Vorausbestimmung der effektiven Strahlungstemperatur des nächtlichen Himmels bereits in den Abendstunden an Tagen mit wolkenlosem Himmel Beachtung. Wird in dem Brennpunkt eines Parabolspiegels ein Thermoelement befestigt und die zweite Lötstelle des Thermoelementes auf die Temperatur der umgebenden Luft am Boden gebracht, so gibt die jeweilige Differenz zwischen den beiden Stellen Aufschluß über die durch den Dunstgehalt der Luft mehr oder weniger gestörte Ausstrahlung, d. h. die Temperatur im Brennpunkt des Spiegels stellt sich nicht genau auf die effektive Strahlungstemperatur des Himmels ein, sondern auf einen Zwischenwert zwischen der effektiven Strahlungstemperatur und der Lufttemperatur nach Maßgabe der Reinheit der Luft und anderer in der Apparatur selbst zu suchender Fehlerquellen (WEGENER u. TROJER).

Die Temperaturverhältnisse während einer Strahlungsnacht werden weitgehend beeinflußt durch den wechselnden Gehalt der Luft an Kondensationskernen. Deshalb gibt auch die unmittelbare Beobachtung des Dunstgehaltes der Luft Anhaltspunkte über die Wahrscheinlichkeit der Nebelbildung. In der Tat scheint nach W. GEORGII die mit Hilfe eines Scheinwerfers bewerkstelligte Feststellung der tellerförmigen Erhellung des Lichtkegels an der Stelle der Temperaturumkehr einen in Zweifelsfällen willkommenen Fingerzeig für baldigen Nebeleintritt abzugeben.

Bodennebel kann sich auch ohne eigentliche Ausstrahlung bei wirksamem Schutz durch eine vorhandene Wolkendecke bilden, wenn z. B. die wenig zur Nebelbildung neigenden AL-Luftmassen arktischen Ursprungs rasch abziehen und nachströmenden feuchten Luftmassen gemäßigter Breiten — mG_A — Platz machen, welche dann über dem stark abgekühlten Erdboden die notwendige Voraussetzung zur Bodennebelbildung vorfinden (HAUDE, MOESE u. REYMANN).

c) Vorhersage von Hochnebel.

Bei der Vorhersage von Hochnebel muß zunächst festgestellt werden, ob die für die Nebelbildung in Betracht kommende Luftmasse den notwendigen Feuchtigkeitsgehalt hat. Dabei ist zu überlegen, ob die Kaltluft bei ihrer Fortbewegung Gelegenheit zur Aufnahme von Wasserdampf hatte, was z. B. zutrifft bei Kaltlufteinbrüchen von der Nordsee her, aber nur selten der Fall ist bei einem Vorstoß von Kaltluft aus Nordosten. Die Nebelbildung wird begünstigt durch eine kalte Bodenfläche oder durch Stau bzw. Hebung der maritimen Luftmassen beim Überstreichen einer Hochebene oder eines Kaltluftkeiles (NOTH). Der Hochnebel wächst von der Unterseite der Temperaturumkehrschicht gegen den Boden hin nach Maßgabe der Turbulenz (BERG [5]) an der Grenzfläche zwischen dem unteren Kaltluftsumpf und der darüber hinwegstreichenden Nebelluft. Mit der Geschwindigkeit der Oberströmung nimmt die Mächtigkeit der Hochnebeldecke gesetzmäßig zu (PEPPLER [7, 8]). Die Bildung von Hochnebel wird gefördert durch starke Abkühlung der unteren Luftschicht und durch Anreicherung derselben mit Kondensationskernen und Feuchtigkeit, Voraussetzungen, welche auf der Westseite von Hochdruckgebieten häufig erfüllt sind. Austauschverhältnisse und Feuchtigkeitsgefälle in der unteren Luftschicht bestimmen maßgeblich die Höhenlage der Untergrenze von Hochnebeldecken. Bei kräftigem Austausch setzt sich im Winter die vom Erdboden ausgehende Abkühlung in der ganzen unteren Luftschicht bis zur Wolkenuntergrenze durch. Die gleichzeitig durch den Austausch bewirkte Feuchtigkeitsanreicherung an der Untergrenze der Hochnebeldecke macht bei fortschreitender Abkühlung ein Wachsen des Hochnebels nach unten bodenwärts möglich (HAUDE, MOESE u. REYMANN). Der Ausstrahlung an einer Inversionsgrenze und der Mischung verschiedener, aber sehr feuchter Luftmassen wird bei der Bildung von Hochnebeldecken nur untergeordnete Bedeutung beigemessen.

Die zur Klasse der Advektionsnebel gehörenden herbstlichen Morgennebel über Seen und Flüssen, der Seerauch, der Warmluftnebel, Seenebel und Monsunnebel fallen unter die für die Luftfahrt auf dem europäischen Festland weniger wichtigen Erscheinungsformen der Nebelsicht (HEBNER [1]).

21. Wettervorhersage und Sicht.

Einer verbreiteten Faustregel entsprechend folgt auf einen Rückgang der Sicht auf Bergen eine Wetterverschlechterung. Die gleichzeitig in der Ebene zu beobachtende Sichtverbesserung kann ebenfalls als Hinweis auf einen bevorstehenden Witterungsumschlag herangezogen werden. Die Vorgänge, welche diesen Erscheinungen zugrunde liegen, sind ursächlich miteinander verknüpft. Sie ergeben sich aus den besonderen Vertikalbewegungen in den Luftdruckgebilden, welche die Wetter- und Sichtverschlechterung einleiten; in Sätteln und Rinnen sorgt die aufsteigende Luftbewegung für eine Beseitigung der trübenden Fremdkörper in der unteren Luftschicht und für eine Anreicherung der höheren Schichten mit dunst- und wolkenbildenden Kernen (FINDEISEN). In demselben Maße wie die Durchsichtigkeit der Luft am Boden zunimmt, verschlechtern sich die Sichtverhältnisse in der Höhe. Die Beseitigung der unteren Dunstschicht wird noch gefördert durch die absteigende Luftbewegung vor der Leitlinie einer Depression (BJERKNES, STÜVE). Dadurch werden die Sichtverhältnisse vor dem Heraufziehen der Schichtbewölkung föhnartig begünstigt. Auf diese Weise erklären sich die verhältnismäßig guten Sichtverhältnisse unter Stratusdecken (SPÄTH [2]).

Die genannte Regel gilt nur in Verbindung: Sichtverschlechterung in der Höhe, Sichtbesserung am Boden (GOCKEL, GALBAS, MYRBACH). Die Änderung der Horizontalsicht in der unteren Luftschicht allein liefert keinen Anhaltspunkt für die Voraussage eines Witterungsumschlages. So kommt es, daß z. B. im Küstengebiet, d. h. außerhalb des Einflusses von Gebirgen, nur in $^1/_3$ aller Fälle auf gute Sicht Regen folgt, wie die folgende Übersicht zeigt:

Tabelle 22. Anzahl der Tage mit Regen vor dem 7-Uhr-Termin des nächsten Tages in Abhängigkeit von der Sichtweite in Cranwell (Lincolnshire) nach W. H. PICK [3].

	Tage mit Sichtweiten			Quersumme
	> 33 km	> 21 km	< 21 km	
Gesamtzahl.	43	216	302	518
Tage mit Regen vor dem 7-Uhr-Termin des nächsten Tages	14	83	150	233
Prozentsatz	33	38	50	45

Dieser verfehlte Versuch des Nachweises eines Zusammenhanges zwischen großer Durchsichtigkeit der Luft und Witterungsumschlag scheint angeregt worden zu sein durch die bekannte und bewährte Regel, wonach auf Föhnsicht Regen folgt. Daß am Alpenrand Föhnsicht allein schon als Vorzeichen für eine bevorstehende Wetterverschlechterung aufzufassen ist, erklärt sich aus der ursächlichen Verknüpfung der Föhnlagen mit von W oder NW her hereinkommenden Tiefdruckgebieten. Inwieweit die Alpensicht prognostische Bedeutung für die Vorhersage von Wetterstürzen hat, erhellt aus den folgenden beiden Zusammenstellungen, die angeben, in wieviel Prozent aller Fälle nach Eintritt der Fernsicht Regen einsetzt.

Tabelle 23. Prozentische Häufigkeit des Umschlagens von Alpenfernsicht in Regenwetter auf Grund von Beobachtungen in Höchenschwand in den Jahren 1883 bis 1894 nach Dr. SCHULTHEISS.

Niederschlag fällt	Am Tage selbst oder 1	2	3	4	5 und mehr Tage später	Anzahl der Fälle
Winter	63,2	9,9	8,6	2,6	15,8	152
Frühling . . .	57,4	12,4	8,5	3,9	17,8	129
Sommer . . .	58,1	13,7	7,4	4,9	16,0	81
Herbst	58,5	8,9	6,7	7,4	18,5	135
Jahr	59,6	10,9	7,9	4,6	17,1	497

A. GOCKEL hat abweichend von Dr. SCHULTHEISS bei der Auswertung seiner in Freiburg i. S. durchgeführten Beobachtungen im Falle einer auf mehrere Tage sich erstreckenden Alpenaussicht den Eintritt des Witterungsumschlages vom ersten Tage ab gezählt und das folgende, kaum merklich verschiedene Ergebnis erhalten:

Tabelle 24. Prozentische Häufigkeit des Umschlagens von Alpenaussicht in Regenwetter auf Grund von Beobachtungen in Freiburg i. S. in den Jahren 1907 bis 1919 nach A. GOCKEL.

Niederschlag fällt	Am Tage selbst oder 1	2	3	4	5	mehr Tage später
Dez.—Februar .	57	13	6	4	3	16
März—Mai . . .	56	16	8	5	2	13
Juni—August. .	57	21	7	6	3	6
Sept.—Nov. . .	56	12	9	8	3	12
Jahr	56	16	7	6	3	12

Im Mittel treten in 71 bzw. 72% aller Fälle von Alpensicht in Höchenschwand bzw. Freiburg i. S. innerhalb von 2 Tagen Niederschläge ein. Dieses Ergebnis spricht zugunsten der Regel vom Witterungsumschlag nach föhnig begünstigter Alpenaussicht, zumal die Fälle von Alpensicht infolge reiner Hochdruckwetterlage oder „freien" Föhns, für welche die Regel keine Gültigkeit haben kann, von der Bearbeitung nicht ausgeschlossen wurden. „Freier" Föhn stellt sich ein, wenn ein Druckfallgebiet auf einer zu weit südlich gelegenen Zugstraße, d. h. in der Höhe des Golfs von Biskaya, Mitteleuropa erreicht, so daß dem subtropischen Wettertyp entsprechend nicht Aufgleiten, sondern Abgleiten eintritt (STÜVE u. MÜGGE).

Zwischen Druckanstieg und Druckfall einerseits und den Sichtverhältnissen andererseits besteht kein eindeutiger Zusammenhang. Bei Nebellagen ist Druckfall in der Regel mit Sichtverschlechterung verbunden. Beim subtropischen Wettertyp (MÜGGE), d. h. beim Absinken wärmerer Luft infolge rascherer Bewegung einer unteren, kälteren Luftmasse, ist umgekehrt Druckfall am Boden mit Abnahme der Bewölkung und Sichtverbesserung gekoppelt. Bei schwacher Luftbewegung muß allerdings die mit Wolken beladene Luftschicht von der Betrachtung ausgeschlossen werden. Diese Luftschicht wird von der sonst durchgreifenden Verbesserung der Sichtverhältnisse nicht betroffen. Nach Auflösung der Wolken verbleiben in der Luft noch Rückstände in Form von Kernen mit einer mehr oder weniger dicken Wasserhaut je nach dem Grade der Absinkbewegung und der adiabatischen Erwärmung der Luft. Diese Art Dunst bleibt z. B. nach Auflösung einer zwischen Talhängen lagernden Wolkendecke zurück (FICKER [2]). Im Schutz einer Steilküste kann sich eine Dunstbank sogar tagelang halten, indem sie am Vormittag die nötigen Kerne zur Bildung von Wolken liefert, um nach Auflösung derselben kurz nach Mittag regelmäßig als schwerer, von Bränden herrührender Dunst wieder in Erscheinung zu treten (KNOCHE). Diese Wolkengebilde stellen also im Grunde nur örtliche Verdichtungen des feuchten Dunstes dar.

In der Ebene fehlen meist die sehr entfernt gelegenen Ziele, die zur Schätzung sehr großer Sichtweiten benötigt werden. Um auch unter diesen Umständen aus der jeweiligen Ansicht des Landschaftsbildes Rückschlüsse auf eine bevorstehende Änderung der Witterung zu ziehen, werden zweckmäßig die Wolkengebilde in die Betrachtung miteinbezogen. Von Wert für die Wettervorhersage ist nicht so sehr die Feststellung einzelner aus dem Zusammenhang gerissener Wolkenformen, wie z. B. der Schäfchenwolken (Cc) als Schlechtwetterzeichen (MEISSNER, HINSDORF, SCHINDLER, LÖHLE [3]), als vielmehr die Erfassung eines Federwolkenaufzuges als eine in sich geschlossene Einheit, in welcher Unterschiede in Richtung und Geschwindigkeit des Wolkenzuges, in der Streifen- und Wogenbildung und im Abstand einzelner Formen von Bedeutung für die Beurteilung der Wetterlage sind.

Das schräge Anvisieren von Wolken tief am Horizont gestattet auch das frühzeitige Erkennen des Aufquellens von kumulusartigen Köpfen aus einer Wolkendecke, woraus wichtige Schlüsse (KÖPPEN), wie z. B. die Folgerung auf einen den Auftrieb der Quellköpfe einleitenden, starken Temperaturgradienten in der unteren Schicht und eine meist nur schwach ausgebildete Sperrschicht darüber, hergeleitet werden können. Diese Überlegungen liefern im Rahmen einer Betrachtung der gesamten Wetterlage willkommene Anhaltspunkte für das Eintreten von Niederschlägen (PEPPLER [3]) oder können wie im Falle von zinnenförmigen Quellungen (castellatus-Formen) für die Gewittervorhersage herangezogen werden (DE QUERVAIN).

Wertvoll für kurzfristige Vorhersagen in der Flugberatung, besonders bei Mangel hinreichender Unterlagen, ist auch die möglichst frühzeitige Beobachtung von Kappenbildungen bei gerade über den Horizont

tretenden Haufenwolken als Anzeichen für Zunahme des Bewölkungs-
grades in wenigen Stunden oder Verdichtung eines Stratokumulusauf-
zuges bis zum Stratus oder Nimbus (HINSDORF) oder sogar gewittrigem
Gewölk (STUCHTEY). Diese Kappen haben allerdings eine Dicke von
nur 10 bis 100 m, sie bieten sich also z. B. in 50 km Entfernung unter
einem Sehwinkel von nur 0,66′ bzw. 6,6′ dar, so daß die Benutzung
eines Fernglases angebracht ist. Unter die Beobachtung so feiner
Einzelheiten fällt auch die Wahrnehmung der sog. Dämmerungszirren,
die vor Sonnenaufgang und nach Sonnenuntergang bei Höhenaufstiegen
unter einem gewissen Beleuchtungswinkel häufig als feine, längs des
Horizontes verlaufende, farbige Fäden oder Streifen faseriger Struktur
zu sehen sind und deren praktische Bedeutung für die Wettervorhersage noch ungeklärt ist (WOLF).

Die vermehrte Beachtung der fern am Horizont stehenden Wolken
vergrößert auch die Aussicht auf die Verfolgung der Bildung von Dop-
pelschichten in allen ihren Entwicklungsabschnitten (PEPPLER [10]),
angefangen vom Durchbrechen einer unteren schwachen Sperrschicht
bis zur stratusförmigen Ausbreitung der quellenden Wolkenmassen an
einer oberen, stärkeren Inversion. Die wechselnden Abstände zwischen
den Schichten lassen Rückschlüsse auf die Temperatur- und Feuchtigkeitsverhältnisse in der unteren Sperrschicht zu (PEPPLER [3]).

Die Tatsache der Bevorzugung gewisser Stockwerke in der freien
Atmosphäre durch Besetzung mit Wolken läßt sich zur Zeit noch in
keines der für die Darstellung des Wetterablaufes ersonnenen Bilder
einordnen (PEPPLER [9]). Im norddeutschen Flachland wird St vorzugsweise in 500 bis 600 m NN, Cu in 1200 bis 1400 m, Sc in 1400 bis
1800 m, As und Ac in 3000 bis 3700 m, Cs in 8000 m angetroffen (HART-
MANN [3], BERG [3]). Wegen der Wechselwirkung zwischen den mit
Wolken besetzten Schichten und den beiden wolkenarmen Räumen
vom Boden bis 500 m über Grund und zwischen 2000 und 3000 m verdient der prüfende Blick nicht nur auf die Erscheinungswelt der Wolken,
sondern noch mehr auf den Raum darunter und dazwischen gerichtet
zu werden. Dieser zeichnet sich aber bei wolkenlosem Himmel durch
größere Durchsichtigkeit der Luft aus, während in den sonst von Wolken
bevorzugten Höhen Dunstschichten zur Ausbildung gelangen, welche
bei Ansicht vom Flugzeug aus und bei Projektion gegen die Referenz-
fläche des Himmels als mehr oder weniger scharf konturierte Blätter
in Erscheinung treten und der Lufthülle eine blättrige Struktur geben.
Das Auftreten der Schichtung des Dunstes findet schon seit langem Beachtung in Zusammenhang mit der Absinkbewegung in Hochdruckgebieten.
Daß der umgekehrte Vorgang, die Auflösung der Dunstschichten, wertvolle Anhaltspunkte für schwache, frisch eingeleitete, aufwärts gerichtete
Bewegungen gibt, ist bisher übersehen worden (LÖHLE [16]).

Typische Merkmale für die beginnende Labilisierung sind:

1. Abnahme der Zahl der Dunstschichten über der Konvektionsobergrenze,

2. Unscharfwerden der Konturen der Schichten,

3. Rückgang der farbigen Tönung der Dunstschichten,

4. Zunahme der Weißverhüllung, d. h. der milchigen Trübung, der Schichten,

5. Abnahme der Horizontalsichtweite zwischen den Schichten,

6. Rückgang des Anteils polarisierten Lichtes in den Zwischenschichten,

7. Zunahme der Violettsichtigkeit des über der Konvektionsobergrenze geschätzten Himmelsblaus,

8. Abbau der Symmetrie der Dunstverteilung längs des Horizontes, bezogen auf den Sonnenvertikal,

9. von einem Tag zum anderen feststellbare, aufwärts gerichtete Bewegung der Dunstschichten bis zur völligen Auflösung derselben,

10. Unscharfwerden der Konvektionsobergrenze an der Stelle stärkster Wirkung des Druckfalles in der Höhe.

Die Dunstschichtung über der Konvektionsobergrenze ist ein einwandfreies Kriterium für wetterwirksame Vertikalbewegungen und der Zusammenhang zwischen Druckfall in der Höhe und Verwischung der Ober- und Untergrenzen von Dunstschichten bis zu ihrer völligen Auflösung hat sich als eindeutig und streng gültig herausgestellt. Die bestehende Beziehung ist auch auf Grund von theoretischen Überlegungen zu erwarten. Wie schon M. MARGULES (HAURWITZ) gezeigt hat, kann sich bei genügend großer Aufwärtsverschiebung einer Inversion zunächst Isothermie und darüber hinaus normales Temperaturgefälle einstellen. Die Änderung des Gradienten ist proportional dem Druckfall und der Differenz zwischen dem jeweiligen Gradienten der Zustandskurve und dem trocken-adiabatischen, d. h. sie macht sich vor allem bemerkbar im Falle ausgeprägter Dunstschichten. In diesem Umstand liegt zugleich die Erklärung für die Beobachtungstatsache begründet, daß von dem Unscharfwerden die besonders deutlich ausgeprägten Konturen zuerst betroffen werden, wobei eine schnell fortschreitende, völlig ungeordnete, d. h. räumlich verschieden starke Diffusion die Verteilung der Dunstteilchen auf die Zwischenschichten herbeiführt.

Der Zerfall der Dunstschichtung geht nach zweierlei Art und Weise vor sich, und zwar entweder beschleunigt, wenn eine Umgestaltung der Großwetterlage bevorsteht, oder träge, wenn eine Änderung des herrschenden Witterungscharakters noch auf sich warten läßt. Die Zerfallserscheinungen hängen mit dem Druckfall in der Höhe zusammen, und die mehr oder weniger schnelle Auflösung der Dunstschichten wird bestimmt von der jeweiligen Phase einer hohen Druckwelle[1].

Der ruckartige Zerfall der Dunstschichtung wird beobachtet, wenn zwischen der hohen und niedrigen Druckwelle eine Phasendifferenz von $-\lambda/4$ besteht. In diesem Fall trifft eine in der Bildung begriffene Zyklone ein Kopplungsverhältnis von hoher und niedriger Druckwelle an, welches die Zyklogenese begünstigt. Die dabei auftretenden Vertikalbewegungen leiten den Zerfall der Schönwetter-Dunstschichtung beschleunigt ein. Da in diesem Falle — Westwetterlage vorausgesetzt — die höheren Schichten schneller in westöstlicher Richtung wandern als die unteren, wird „das obere Hochdruckgebiet" gleichsam „aus dem unteren Tiefdruckgebiet nach Osten herausgeschoben" (PRANDTL). Die aus dem Tief hochgeschafften Luftmassen gelangen dadurch in das Strömungssystem der benachbarten Antizyklone.

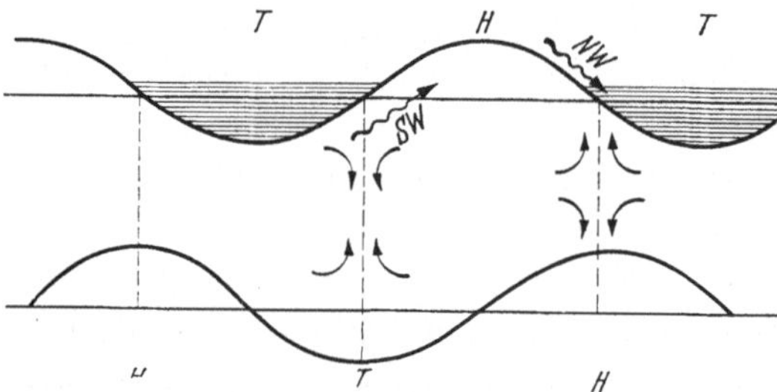

Abb. 17. Kopplung der hohen an die niedrige Druckwelle mit einem Phasenunterschied von $-\dfrac{\lambda}{4}$ (Zyklogenese, Fall I).

Hier werden sie von den von E. PALMÉN angenommenen sog. „einpumpenden Kräften" erfaßt und erhalten eine zusätzliche, gegen die Tropopause gerichtete Beschleunigung (vgl. Abb. 17). Eine schon von G. STÜVE aus der Wellenmechanik übernommene Überlegung zeigt, daß diese aufwärts gegen die Vorderseite des Höhenhochs gerichtete Bewegung die westöstliche Fortbewegung der hohen Druckwelle begünstigt und bei verschwindender Phasendifferenz zwischen hoher und niedriger Druckwelle gleichzeitig die Amplitude vergrößert. In demselben Maße, wie sich das Höhenhoch kräftigt und seine Wirkung bis zum Boden herab erstreckt, kommt das nachfolgende untere Tiefdruckgebiet zur stärkeren Entwicklung, indem sich sein Druckfeld dem bis dahin wirksamen, abschwächenden Einfluß des Höhenhochs entziehen kann. Im Augenblick der stärksten Entfaltung der Zyklogenese fällt das obere Tief mit dem unteren zusammen. Die aus dem unteren Tief emporgerissenen Luftmassen stören die Antizyklogenese im benachbarten Hoch. Die Hebung der Luftschichten greift auf das Hochdruckgebiet über und zieht die Schönwetterdunstschicht in Mitleidenschaft. Die Dunstschichten über der Konvektionsobergrenze lösen sich bereits zu einem

---

[1] Unter „hohen Druckwellen" werden nach H. v. FICKER [1] die Druckäquivalente der Massenänderung verstanden, welche an einer festliegend und undurchlässig angenommenen Grenzfläche in Höhe der Tropopause ungeachtet des stets erfolgenden Massenausgleichs festgestellt werden könnten.

Zeitpunkt auf, zu welchem noch keine anderen Anzeichen von einem Zerfall des Schönwettergebietes feststellbar sind. Die beschleunigte Auflösung der Dunstschichten ist ein untrügliches Kriterium für eine bevorstehende stärkere Entfaltung der Zyklogenese und eine Auffrischung der Drift der hohen Druckgebilde.

Die träge Auflösung der Dunstschichten ist kennzeichnend für die alternde Zyklone. Der Zerfall der Dunstschichtung verläuft in diesem Fall parallel mit dem Abbau des Hochs. Die Beobachtung der Dunstschichtung

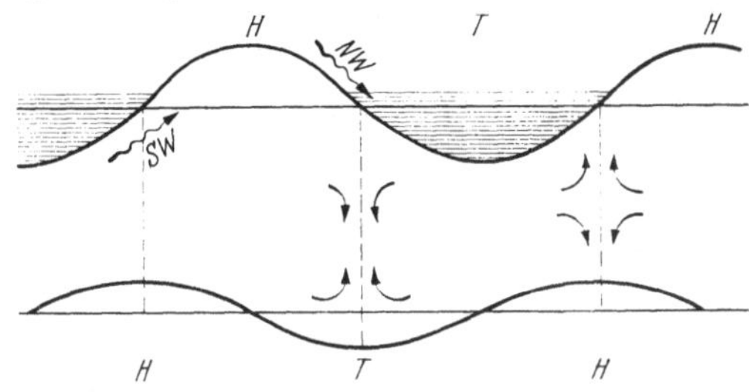

Abb. 18. Kopplung der hohen an die niedrige Druckwelle mit einem Phasenunterschied von $-\frac{\lambda}{4}$ (Zyklolyse, Fall II).

liefert zwar wertvolle zusätzliche Anhaltspunkte zur Wetterkarte, aber keine prognostisch neuen Gesichtspunkte wie im Falle I (vgl. Abb. 18).

Die verschiedene Lage des hochtroposphärischen Divergenzgebietes relativ zur Druckverteilung am Boden erklärt zwanglos die beobachteten Unterschiede im manchmal beschleunigten, manchmal verzögerten Ablauf der Auflösung der Dunstschichten. Ist die Zyklonenbildung frisch eingeleitet, so reicht das Divergenzgebiet nicht weiter als der Aufzug hoher Wolken (vgl. Abb. 19). Wenn dagegen die Zyklogenese in vollem Gange ist und die Phasendifferenz zwischen hoher und niedriger Druckwelle Null wird, hat das Divergenzgebiet vor dem vordersten Teil des Aufgleitgewölks einen Vorsprung,

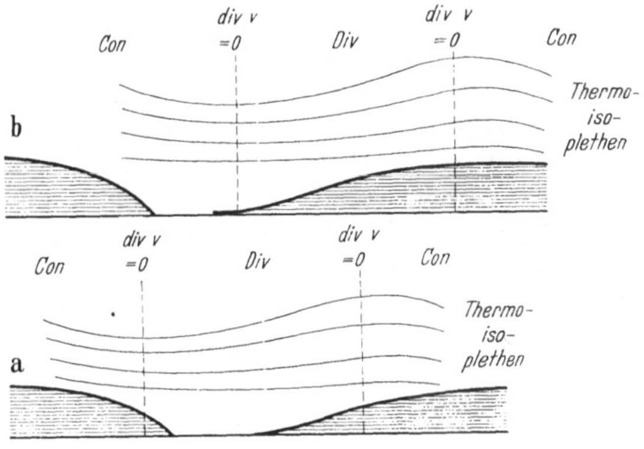

Abb. 19. Lage des hochtroposphärischen Divergenzgebietes relativ zur Druckverteilung am Boden
a) bei beginnender Zyklogenese,
b) bei stärkster Entfaltung derselben.

greift auf das vorausgehende Schönwettergebiet über und bewirkt hier ein Unscharfwerden der Dunstgrenzen, noch bevor die Himmelsansicht im Wolkenbild die hereinkommende Verschlechterung erkennen läßt

Die unterschiedlichen Zustände der Dunstschichtung haben ihren Grund in den beiden verschiedenen Stadien der Wechselwirkung zwischen den hohen und niedrigen Druckwellen, welche T. Bergeron [3] einführt, um gleichzeitig den Luft aus- und einpumpenden Kräften von

E. PALMÉN und den statistischen Resultaten von A. SCHEDLER [1, 2] und W. H. DINES Rechnung tragen zu können. Danach ist das Stadium der kräftigsten Entfaltung der Zyklogenese und Antizyklogenese ausgezeichnet durch ein Überwiegen der Vertikalbewegungen in der

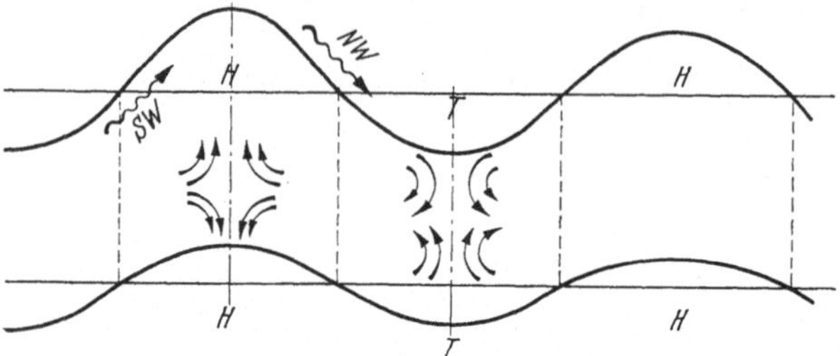

Abb. 20. Kopplung der hohen an die niedrige Druckwelle zur Zeit der stärksten Entfaltung der Zyklogenese.

Stratosphäre gegenüber der Versetzung von Luftmassen in der Horizontalen, und zwar abwärts in Zyklonen als Saugeffekt, aufwärts in Antizyklonen als Hebung (vgl. Abb. 20). Das Anfangs- und Schlußstadium steht mehr unter dem Einfluß der advektiven Vorgänge in der Stratosphäre (vgl. Abb. 17 und 18).

22. Sichthorizont.

Im Falle völliger räumlicher Gleichverteilung des Luftplanktons, bei wolkenlosem Himmel und hoch stehender Sonne sind schwarze Ziele, z. B. bewaldete Höhen, in allen Richtungen gleich gut sichtbar. Dieser Beobachtungstatsache entsprechend kann der Kontrast zwischen einem schwarzen Ziel und dem umgebenden Horizont als konstant und unabhängig von der Blickrichtung angesehen werden. Bedeutet i_g die Horizonthelligkeit und h_s die Aufhellung eines schwarzen Zieles durch das Luftlicht, d. h. seine scheinbare Leuchtdichte am Ort des Beobachters, so gilt die Beziehung:

$$(18) \qquad \frac{i_g - h_s}{i_g} = \text{const}.$$

Aus dieser Bedingungsgleichung für die Kreisförmigkeit des Sichthorizontes schwarzer Ziele folgt, daß sich die Aufhellung eines schwarzen Schirmes h_s als ein konstanter Prozentsatz q der jeweiligen Horizonthelligkeit i_g darstellen lassen muß nach der Gleichung:

$$(19) \qquad \frac{i_g - q\,i_g}{i_g} = \text{const} \quad \text{für} \quad q = \text{const}.$$

In der Tat führen theoretische Überlegungen (KOSCHMIEDER [1]) auf den folgenden Ansatz für q:

$$(20) \qquad q = 1 - e^{-a_0 l}.$$

Danach ist also q bei Gleichverteilung des Dunstes, d. h. bei Konstanz des mittleren Zerstreuungskoeffizienten a_0, von der Blickrichtung unabhängig. Demgemäß läßt sich die Aufhellung h_s eines schwarzen Zieles beschreiben durch die Gleichung:

$$(21) \qquad h_s = i_g (1 - e^{-a_0 l}) .$$

Die Aufhellung ist ihrer Entstehung zufolge das auf den schwarzen Schirm als Hintergrund projizierte Luftlicht in der Sehstrahlpyramide Auge—Ziel. Die Gleichung (21) führt deshalb die Bezeichnung Luftlichtformel.

In Sehstrahlpyramiden, die größer als die Sichtweite s sind, nähert sich h_s der Horizonthelligkeit i_g, d. h.

$$h_s \to i_g \quad \text{für } l \to \infty \quad \text{bzw. } l > s .$$

Die Sichtweite s eines schwarzen Zieles ist demgemäß diejenige Grenzentfernung, deren Überschreiten die Unterscheidung zwischen der Aufhellung h_s eines schwarzen Zieles und der umgebenden Horizonthelligkeit i_g unmöglich macht. Die Sichtweite wird erreicht, wenn sich der Kontrast zwischen Aufhellung h_s und Horizonthelligkeit i_g der relativen Unterschiedsschwelle des Auges nähert. Die Tatsache, daß der Sichthorizont des schwarzen Zieles ein Kreis um den Beobachter ist, läßt sich beschreiben durch:

$$(22) \qquad \frac{i_g - h_s}{i_g} \to \varepsilon \quad \text{für } l \to s . \qquad \varepsilon = \text{const}$$

Die Kreisförmigkeit des Sichthorizontes schwarzer Ziele ist an die folgenden Voraussetzungen geknüpft:

1. Die Änderung der Helligkeit i_g längs des Horizontes ist gesetzmäßig, d. h. die Atmosphäre ist frei von Wolken- und Dunstfeldern.

2. Das Luftplankton ist räumlich gleichverteilt, d. h. der mittlere Zerstreuungskoeffizient a_0 in der Horizontalen ist konstant.

3. Die relative Unterschiedsschwelle ε des Auges muß unabhängig von der Blickrichtung sein, d. h. $\varepsilon = \text{const}$.

4. Die Ziele sollen sich dem Beobachter unter einem derart großen Sehwinkel darbieten, daß die Überstrahlung derselben durch Lichtbeugung am Rand keine Rolle spielt.

Die Prüfung der Bedingungsgleichung (22) erstreckt sich:

1. auf den Nachweis, daß die Horizonthelligkeit ungestört ist, d. h. in gesetzmäßiger Weise vom Azimut der Blickrichtung, bezogen auf den Sonnenvertikal, abhängt,

2. auf die Gültigkeit der Luftlichtformel: $h_s = i_g (1 - e^{-a_0 l})$;

3. auf die Zulässigkeit des Ansatzes $\varepsilon = \text{const}$ für jede Blickrichtung,

4. auf die Vernachlässigung des von der Umgebung eines Zieles zur Bildmitte abgebeugten Lichtes von einem gewissen kritischen Wert des Sehwinkels kleiner Objekte ab („Randeffekt").

1. Die in Potsdam (LÖHLE [13]) durchgeführten Messungen der Horizonthelligkeit zeigten einen bald mehr, bald weniger gestörten Verlauf der Helligkeitsverteilung längs des Horizontes je nach der Stärke des Austausches (dem Sonnenstand) und der Windverhältnisse. In Richtung auf Berlin zu war die Horizonthelligkeit stets größer als im symmetrisch dazu gelegenen azimutalen Bereich. Eine gesetzmäßige Abhängigkeit der Horizonthelligkeit vom Azimut der Blickrichtung, bezogen auf den Sonnenvertikal, kann danach in Großstadtnähe nicht erwartet werden. Unter derartig ungünstigen Beobachtungsumständen muß der Versuch, die Kreisförmigkeit des Sichthorizontes schwarzer Ziele nachzuweisen, fehlschlagen (STOYE, LÖHLE [12, 10]) (vgl. Abb. 21).

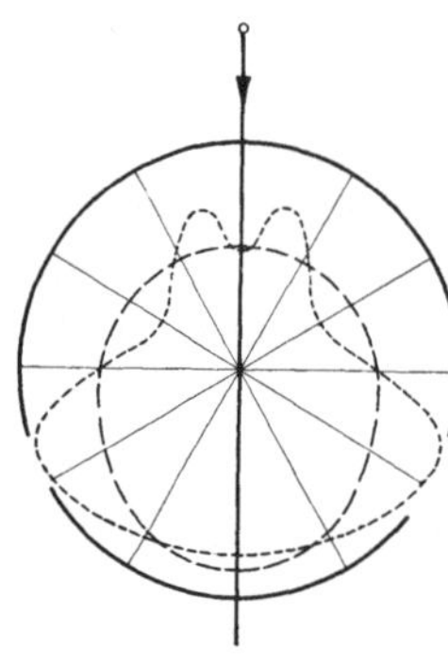

Abb. 21. Sichthorizont.
Punktiert: nach WIGAND,
gestrichelt: schwarzer Ziele
bei Zunahme der Dichte des
Dunstes in Richtung gegen
die Sonne.

Im Gebirge — Alpen (DORNO), Hochschwarzwald (LÖHLE [11]) — und an der See — Ägäisches Meer (MARKETU), Ostsee (KOSCHMIEDER [2], RÜHLE) — werden dagegen weniger gestörte Verhältnisse angetroffen.

2. Dementsprechend beschreibt die Luftlichtformel die Aufhellung schwarzer Ziele mit zunehmender Entfernung auch nur innerhalb von ungestörten Lufträumen richtig, wie sich aus den im Havelland (LÖHLE [13]) bei Kaltlufteinbrüchen und im Hochschwarzwald (LÖHLE [11]) bei Hochdruckwetterlagen durchgeführten Sichtmessungen ergibt. Die Gleichverteilung des Luftplanktons war im Havelland beschränkt auf einen schmalen azimutalen Bereich in westlicher Richtung, im Hochschwarzwald auf das Gebirgsmassiv unter Ausschluß des von der Rheinebene gebildeten Sektors.

3. Der Ansatz $\varepsilon = $ const verlangt die Vermeidung jeder Blendung des Auges durch direktes Sonnenlicht. Dieser Forderung kann schon durch Beschattung des Auges mit der hohlen Handfläche genügt werden[1]. Die Bedingung $\varepsilon = $ const macht außerdem eine Ausmerzung zu kleiner Ziele notwendig, um von vornherein den Einfluß des Sehwinkels auf den Wert der relativen Unterschiedsschwelle zu unterdrücken.

4. Ziele, die in einem Sehwinkel kleiner als $1°$ erscheinen, zeigen in der Bildmitte eine Aufhellung infolge Beugung des Lichtes am Rand dieser Objekte. Das Licht der Umgebung eines Zieles werde durch Beugung an den Umrissen desselben in Zerstreuungskreisen vom halben Sehwinkel ϱ_0 zerstreut, wobei ϱ_0 durch die Festsetzung bestimmt sei,

---

[1] Wirksamer ist eine Gesichtsmaske in Form einer konisch zusammengerollten Zeitung nach Art einer unten offenen Tüte, in welche oben der Kopf ganz hineingesteckt werden kann, während eine zweckmäßig bemessene Öffnung unten das Gesichtsfeld begrenzt.

daß im Abstand ϱ_0 vom lichtzerstreuenden Element das Streulicht auf den Bruchteil γ der Horizonthelligkeit $\Phi(\alpha, \xi)$ gesunken sei. Innerhalb eines so definierten Zerstreuungskreises stelle $f(\varrho)$ die Helligkeitsverteilung (Machsche Lichtfläche) dar. Mit diesen Voraussetzungen berechnet sich die Aufhellung im Mittelpunkt O eines kleinen schwarzen Schirmes durch die Streuwirkung eines Horizontelementes $\sin \xi \, d\xi \, d\alpha$ zu

$$(22, 1) \qquad dh_0 = \Phi(\alpha, \xi) \, f(\varrho) \sin \xi \, d\xi \, d\alpha \, ,$$

und die Aufhellung, welche durch die von der gesamten Umgebung des Zieles ausgehenden Lichtbeugung am Rand des Objektes hervorgerufen wird, ergibt sich zu

$$(22, 2) \qquad h_0 = \int\limits^{U}\!\!\int \Phi(\alpha, \xi) \, f(\varrho) \sin \xi \, d\xi \, d\alpha \, ,$$

wobei die Umgebung U bis in eine Entfernung ϱ_0 vom Mittelpunkt O des Zieles reicht.

Da nur eine kleine Stelle des Horizontes als Umgebung des Zieles in Frage kommt, kann $\Phi(\alpha, \xi)$ durch die nur vom Azimut α, bezogen auf den Sonnenvertikal, abhängige Horizonthelligkeit $i_g(\alpha)$ ersetzt werden. Für $\xi = 90°$ geht außerdem $\sin \xi \, d\xi \, d\alpha$ über in $d\xi \, d\alpha$. Werden die Koordinaten ξ und α durch die Polarkoordinaten ω und φ mit O als Pol ersetzt und bezeichnet ω_0 den halben Sehwinkel des schwarzen Schirmes, so geht (22, 2) über in

$$(22, 3) \qquad h_0 = i_g(\alpha) \int\limits_{0}^{2\pi} \int\limits_{\omega_0}^{\varrho_0} f(\varrho) \, \omega \, d\omega \, d\varphi \, .$$

Bei natürlichen Zielen im Gelände sind die Grenzen von ω noch von φ abhängig. Der Einfachheit halber wird im folgenden ein Ziel vorausgesetzt, das sich über den Horizont erhebt. Die Lichtverteilung $f(\varrho)$ innerhalb eines Zerstreuungskreises kann angenähert dargestellt werden durch:

$$(22, 4) \qquad f(\varrho) = c \, e^{-\frac{\varrho^2}{\varrho_0^2} \ln \frac{1}{\gamma}} \, .$$

Für $\varrho = 0$ hat die Funktion ihren größten Wert c und sinkt für $\varrho = \varrho_0$ auf den Bruchteil γ des Maximalbetrages. Durch die Wahl von γ wird der Radius des Zerstreuungskreises festgelegt. Mit (22, 4) geht (22, 3) nach Durchführung der Integration über in

$$(22, 5) \qquad h_0 = i_g(\alpha) \, \frac{c \pi \varrho_0^2}{\ln \dfrac{1}{\gamma}} \left(e^{-\frac{\omega_0^2}{\varrho_0^2} \ln \frac{1}{\gamma}} - \gamma \right) .$$

Die Konstante c ergibt sich aus einer Bilanz über das Streulicht. Jedes horizontnahe Himmelselement $d\alpha \, d\xi$, das Licht zur Bildmitte eines Schirmes streut, verliert von der ihm eigenen Helligkeit $i_0(\alpha, \xi)$ nach Maßgabe der oben definierten Verteilungsfunktion $f(\varrho) = f'(\alpha, \xi)$. Wer-

den Verluste durch Umwandlung von Licht in andere Energieformen
ausgeschlossen, so kann die über einem Zerstreuungskreis vom Flächen-
inhalt F ausgebreitete Lichtmenge dem vom Himmelselement $d\alpha\,d\xi$
bei fehlender Beugung ausgesandten Lichtstrom gleichgesetzt werden:

$$(23)\qquad i_0(\alpha,\xi)\,d\alpha\,d\xi \int\!\!\int^{F} f'(\alpha,\xi)\,d\alpha\,d\xi = i_0(\alpha,\xi)\,d\alpha\,d\xi\,,$$

woraus

$$(24)\qquad \int\!\!\int^{F} f'(\alpha,\xi)\,d\alpha\,d\xi = 1$$

folgt oder nach Einführung von Polarkoordinaten und wegen des asym-
ptotischen Helligkeitsabfalls innerhalb eines Zerstreuungskreises:

$$(25)\qquad \int_0^{2\pi}\!\!\int_0^{\infty} f(\varrho)\,\varrho\,d\varrho\,d\varphi = 1\,.$$

Mit $(22,4)$ berechnet sich c aus (25) zu

$$c = \frac{\ln\dfrac{1}{\gamma}}{\pi\varrho_0^2}\,,$$

womit $(22,5)$ übergeht in

$$(26)\qquad h_0 = i_g(\alpha)\left[e^{-\frac{\omega_0^2}{\varrho_0^2}\ln\frac{1}{\gamma}} - \gamma\right].$$

Maßgeblich für die Aufhellung im Mittelpunkt eines schwarzen Schirmes
ist das Verhältnis ω_0/ϱ_0 des halben scheinbaren Sehwinkels des Schirmes
zum Radius eines Zerstreuungskreises, wie die folgende Übersicht über
die als Prozentsatz der Horizonthelligkeit ausgedrückte Aufhellung zeigt,
vgl. Tabelle 25.

Tabelle 25. Abhängigkeit der Aufhellung im Mittelpunkt eines
schwarzen Schirmes von dem Verhältnis ω_0/ϱ_0 des halben scheinbaren
Sehwinkels des Schirmes zum Radius eines Zerstreuungskreises für
verschiedene γ ($=$ Bruchteile der Horizonthelligkeit im Abstand ϱ_0 vom
lichtzerstreuenden Element).

	γ	10^{-2}	10^{-3}	10^{-4}	10^{-5}	10^{-6}	10^{-7}	10^{-8}
$\dfrac{h_0}{i_g}$ für:	$\dfrac{\omega_0}{\varrho_0}=\dfrac{1}{2}$	0,32	0,18	0,10	0,056	0,032	0,015	0,010
	$\dfrac{\omega_0}{\varrho_0}=\dfrac{1}{3}$	0,95	0,46	0,36	0,27	0,22	0,16	0,13

Formel (26) ist experimentell noch nicht geprüft worden; praktische
Bedeutung hat sie nur für Objekte von kleinerem Sehwinkel als $1°$.

Der dargelegte Weg für die Prüfung der Kreisförmigkeit des Sichthorizontes schwarzer Ziele geht von gewissen Erkennungsmerkmalen
für die Homogenität einer Luftmasse aus. Die herangezogene Tatsache
der symmetrischen Verteilung der Horizonthelligkeit, bezogen auf den

Sonnenvertikal, ist zwar keine hinreichende Voraussetzung für die Gleichverteilung des Dunstes. Bleibt aber während einer längeren Beobachtungszeit trotz Änderung des Sonnenstandes die Horizonthelligkeit in ihrem Verlauf symmetrisch zum Sonnenvertikal, so ist der Schluß auf ungestörte Verhältnisse zulässig. Der Fall, daß die Symmetrielinie einer örtlichen Störung zufällig mit der Sonne wandert, ist so ungewöhnlich, daß man auf Grund einer derartigen Besorgnis um die Vortäuschung idealer Beobachtungsbedingungen nur ungern auf eine so einfache Überwachung des Luftraumes verzichten wird. Liegt in der Helligkeitsverteilung längs des Horizonts eine Unsymmetrie vor, so sind die Beobachtungsverhältnisse ungünstig zu beurteilen, ganz gleichgültig, ob diese Störung auf eine örtliche Dunstansammlung oder auf ein mit der Blickrichtung wechselndes Reflexionsvermögen des Untergrundes zurückzuführen ist.

Abb. 22. Das Zielschiff, welches H. KOSCHMIEDER auf einem Halbkreis um den Beobachter herumfahren ließ. Dem Beobachter (und der photographischen Platte) erscheinen in geeigneter Entfernung der Sonne gegenüber die schwarze Fläche schwarz, die weiße weiß, unter der Sonne dagegen beide gleich hell und sind dann nicht voneinander zu unterscheiden, obwohl sie sich noch deutlich vom Horizonthimmel abheben.

Wird von vornherein eine sorgfältige Auswahl der Wetterlage und des Arbeitsplatzes getroffen, so wird die Erledigung dieser Vorfragen durch die Meßergebnisse selbst überflüssig gemacht. Auf dieser Grundlage ist die von H. KOSCHMIEDER [2] und Mitarbeiter (RÜHLE) vorgenommene Prüfung der Theorie aufgebaut. Bevorzugt wurden dabei wolkenlose Tage mit Sichtweiten von nur wenigen Kilometern in der Annahme, daß innerhalb eines Luftraumes von weniger als 20 km Durchmesser Aussicht auf Gleichverteilung des Luftplanktons besteht. In der Tat haben sich Tage mit Sichtweiten unter 10 km als vorzugsweise „ungestört", solche mit Sichtweiten von mehr als 20 km als meist „gestört" herausgestellt. Um in der Wahl des Geländes möglichst freie Hand zu haben, wurden künstliche, mit Samt bzw. weißer Leinwand bespannte Ziele benutzt, und zwar an der Küste und auf See solche von 6×6 m Abmessung in 4 km Entfernung (vgl. Abb. 22), an Land schwarze Ziele von $1,35 \times 1,35$ m Größe in einem Abstand von 1 km. Trotz der Kürze der Meßstrecke handelt es sich bei den Aufhellungen dieser Ziele um beachtliche Beträge. Bei 10 km Sichtweite macht das Luftlicht in einem Pyramidenstumpf von 1 km Länge bereits 32,4% der Horizonthelligkeit in der gleichen Blickrichtung aus, bei 5 km Sichtweite sogar

54,3 % (vgl. Abb. 23). Die Messungen an der Küste lieferten keine brauchbaren Unterlagen für eine Prüfung der Theorie wegen der störenden Abnahme des Planktongehaltes der Luft mit zunehmendem Abstand vom Ufer. Die im Luv von Danzig in 11 km Entfernung vom Stadtrand wiederholten Beobachtungen zeigten zwar immer noch eine verhältnismäßig große Streuung. Ausschlaggebend ist aber, daß die Differenz der prozentischen Abweichung der Beobachtungswerte vom Mittelwert gegenüber der Sonne (180°) und unter der Sonne (0°): $\varDelta(180°) - \varDelta(0°)$ nur $(4{,}0 \pm 1{,}9)\%$ beträgt, wobei unter $\varDelta(\alpha)$ die prozentische Abweichung $\dfrac{q(\alpha) - q_m}{q_m} \cdot 100$ eines bestimmten q-Wertes vom zugehörigen Mittelwert q_m gemeint ist. Zudem muß aus dem Vorzeichen der Differenz ganz entgegen der Erwartung auf eine größere Sichtweite unter der Sonne als der Sonne gegenüber geschlossen werden (vgl. Abb. 24).

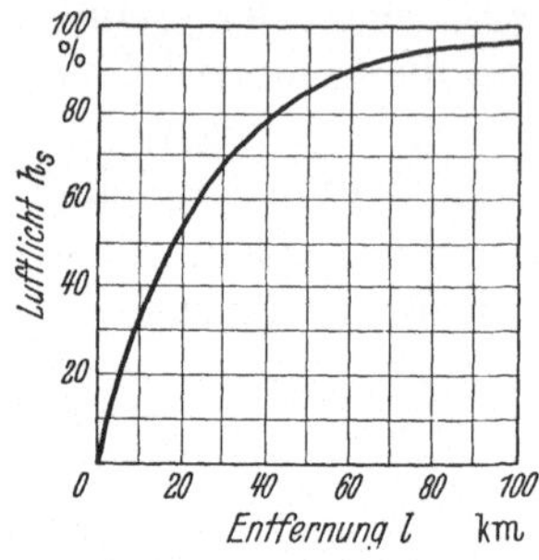

Abb. 23. Prozentische Zunahme des Luftlichtes h_s in einer Sehstrahlpyramide von 100 km Länge. (Bezogen auf die Leuchtdichte des Horizontlichtes als Einheit und auf eine photometrische Sichtweite von 100 km.)

Trotz dieser eindeutigen Meßergebnisse ist die Kreisförmigkeit des mit bloßem Auge beobachteten Sichthorizonts schwarzer Ziele in der Literatur noch umstritten. An dem Zustandekommen des hin und wieder wahrgenommenen Sichtminimums unter der Sonne scheinen mehrere unglückliche Umstände gleichzeitig beteiligt zu sein: Zunächst besteht im Falle der Blickrichtung gegen die Sonne die Gefahr der Blendung des Auges, so daß die notwendige Voraussetzung $\varepsilon =$ const nicht erfüllt ist. Die unerläßliche Prüfung des Luftraumes auf eine etwaige Dunstansammlung unter der Sonne scheint oft unterblieben zu sein. Häufig fehlt es an Zielen, oder die vorhandenen Sichtmarken sind nicht groß genug, um eine Überstrahlung durch Horizontlicht

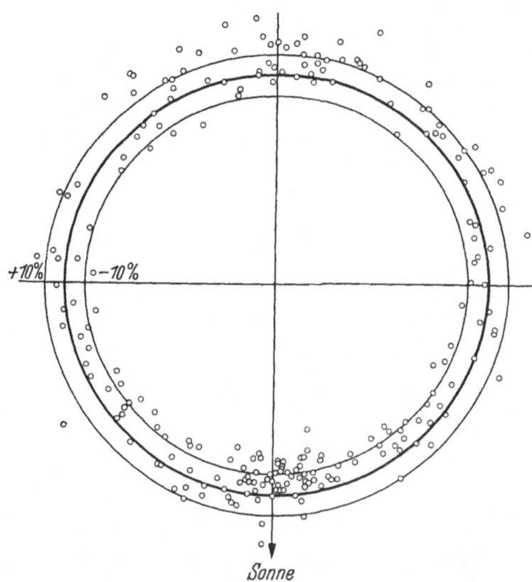

Abb. 24. Verhältnis der scheinbaren Flächenhelligkeit schwarzer auf einem Kreis aufgebauter Ziele zu der im selben Azimut gemessenen scheinbaren Flächenhelligkeit des Horizonthimmels. Der Sonne gegenüber sind die Verhältniswerte etwas größer als unter der Sonne. Nach Messungen von H. KOSCHMIEDER und H. RÜHLE bei Sichtweiten bis 40 km.

auszuschließen. Ferner ist zu berücksichtigen, daß in Sichtweite liegende Ziele meist überhaupt nicht vorhanden sind und die Beobachter die

Erkennbarkeit von Einzelheiten im Gelände zu Hilfe ziehen müssen. Hierbei fällt aber der Übergang von der Erkennbarkeitsgrenze von Einzelheiten im Gelände auf die Horizontalsichtweite sehr zuungunsten der letzteren aus. Bei Gegenständen, welche sich nur von dem umgebenden Gelände, nicht aber vom freien Horizont abheben, macht sich die Verschleierung derselben durch das in Richtung gegen die Sonne stärkere Luftlicht in vollem Maße geltend. Beobachtungen (FLOWER, BIGG), bei welchen die Ausmerzung dieser störenden Einflüsse in Zweifel zu ziehen ist, können nicht als Beleg für die Existenz eines Sichtminimums in Richtung gegen die Sonne herangezogen werden.

Der Sichthorizont des weißen Zieles ist bemerkenswert durch das Auftreten eines von der Theorie vorausgesagten Sichtminimums, dessen Bestätigung durch Beobachtungen zwar noch aussteht, an dessen Realität aber auf Grund der folgenden Überlegung nicht zu zweifeln ist. Unter der Sonne, d. h. solange das Ziel beschattet ist, wirkt eine weiße Fläche auf das Auge wie ein schwarzer Körper. Wird das weiße Ziel längs des Horizonts bewegt, so schlägt im Augenblick der Beleuchtung desselben durch das direkte Sonnenlicht der Kontrast von Schwarz-Weiß in Weiß-Schwarz um. Die Richtung dieser Stelle, bezogen auf den Sonnenvertikal, schwankt zwischen 100 und 120° je nach der azimutalen Verteilung der Horizonthelligkeit, der Albedo des weißen Zieles, der Beleuchtungsstärke (dem Sonnenstand) und der Trübung der Luft. Die Stelle der Annäherung der scheinbaren Zielhelligkeit an die Horizonthelligkeit zeichnet sich theoretisch durch die Nichtsichtbarkeit des weißen Zieles aus. Praktisch kommt dieses Sichtminimum im Landschaftsbild allerdings überhaupt nicht vor, weil die natürlichen Ziele, z. B. die Gletscherfelder des Hochgebirges, die erforderliche Ausrichtung größerer Flächen genau senkrecht zur Blickrichtung vermissen lassen. Das Sichtminimum des weißen Zieles kann als bestätigt gelten, wenn sich der mittlere Zerstreuungskoeffizient bei der Photometrie von Gletscherfeldern im Hochgebirge als von der Blickrichtung unabhängig, d. h. konstant, herausstellt. Die photometrische Auswertung von auf dem Hohen Sonnenblick (Hohe Tauern, 3106 m NN) (LÖHLE [4]) hergestellten photographischen Aufnahmen von Gletscherfeldern lieferte entgegen der Erwartung im azimutalen Bereich zwischen 90 und 150° einen geringeren Zerstreuungskoeffizienten als in jeder anderen Richtung. Dieses Ergebnis braucht nicht zuungunsten der Theorie ausgelegt zu werden, da diese bevorzugten Werte zugleich die Richtung gegen den Wind angeben. Außerdem wurde der Rechnung die Gültigkeit des LAMBERTschen Kosinusgesetzes zugrunde gelegt, eine bezüglich der Reflexionsverhältnisse an verharschtem Schnee offenbar unzulässige Annahme.

Der Sichthorizont gefärbter Ziele spielt nur eine untergeordnete Rolle, da Sichtmarken mit Eigenfarbe vor Erreichung der Sichtweite scheinbar farblos (grau) werden (MIDDLETON [3]).

23. Flugsicht.

Die Flugsichtweite in einer bestimmten Flughöhe ist diejenige auf die Erdoberfläche bezogene und der Karte entnommene Entfernung, in welcher ein Gegenstand im Gelände in seiner Zweckbestimmung richtig erkannt wird. Die Flugsichtweite wird als Projektion des Sehstrahles: Auge—Ziel auf die Erdoberfläche vom Fußpunkt eines vom Flugzeug zum Erdboden gezogenen Lotes aus gemessen. Das von der Projektion der Sehstrahlen bedeckte Gelände ergibt ein Landschaftsbild mit deutlich konturierten Einzelheiten, in dessen Bereich die Orientierungsmöglichkeit für den Flugzeugführer gesichert ist.

In welcher Weise der Sichthorizont des schwarzen Zieles beim Übergang von der Horizontalsicht zur Flugsicht verändert wird, hängt von der jeweiligen Verteilung des Dunstes in der Vertikalen ab. Die Beschreibung der Änderung der Sichtverhältnisse mit zunehmender Flughöhe vom Start ab gerechnet läßt sich vereinfachen durch die Beschränkung der Darstellung auf die beiden bevorzugten Blickrichtungen: Sicht gegen die Sonne und Sicht in Richtung der Sonnenstrahlen.

I. Flugsicht gegen die Sonne.

Mit zunehmender Flughöhe verschwinden die Einzelheiten im Gelände in Richtung gegen die Sonne wie hinter einer Kulisse. Ihren geringsten Wert erreicht die Flugsicht dicht unter der Konvektionsobergrenze. Über der Dunstgrenze wird die Flugsicht mit zunehmender Flughöhe schnell besser. Die Beobachtungsbedingungen über der Dunstschicht sind vergleichbar den bei der Vergrößerung der Einblicktiefe in Wasser vorliegenden Verhältnissen. Bekanntlich werden Gegenstände im Wasser — z. B. Heringsschwärme, Unterseeboote — mit zunehmender Entfernung von der Wasseroberfläche besser sichtbar (RICHARZ [1, 2], JENTZSCH-GRAEFE [1, 2]).

Ist das Reflexionsvermögen des Untergrundes in Richtung gegen die Sonne, wie z. B. über Wasser, genügend groß, so treten die genau unter der Sonne liegenden Gegenstände — Schiffe — deutlich als Silhouetten hervor, während sie seitwärts von der Spur des zurückgeworfenen Lichtes im Luftlicht wie hinter einer Kulisse verschwinden. Über die Abhängigkeit der Flugsicht unter der Sonne auf dem sog. „Sonnenstrich" (SPÄTH [1, 2]) vom Sonnenstand und von der Flughöhe liegen nur einige wenige Beobachtungen von deutschen Aufklärungsfliegern vor, die mit Hilfe des „Sonnenstrichs" während des Weltkrieges den Schiffsverkehr im Kanal überwacht haben. Durch die Anwendung von

Tabelle 26. Reflexion an Wasser.

Einfalls-winkel	Reflexions-koeffizient %	Polarisierter Anteil %	Durch einen Polarisator nicht zu beseitigender Oberflächenglanz %
0°	2,04	50	1,02
10°	2,04	52	0,97
20°	2,06	60	0,83
30°	2,15	72	0,60
40°	2,45	88	0,29
50°	3,3	99	0,03
60°	6,0	96	0,21
70°	13,4	82	2,4
75°	21,2	74	5,5
80°	34,8	66	11,9
85°	58,4	58	24,7
90°	100,0	50	50,0

NICOLschen Prismen läßt sich die Wirkung des „Sonnenstrichs" noch beträchtlich verbessern. Bei einem Einfallswinkel zwischen 50 und 60° ist mehr als 95% des von einer Wasseroberfläche reflektierten Lichtes polarisiert (vgl. Tabelle 26 und Abb. 25). Durch Beseitigung des polarisierten Anteiles des Oberflächenglanzes mittels der heute zur Verfügung stehenden einfachen Polaroidfilter (HAASE [1, 2, 3]) kann auf hoher See der Kontrast zwischen Himmel und Horizont leicht erhöht werden (HULBURT [2]). Da im Hochgebirge mit der Höhe des Standortes der im Luftlicht enthaltene Prozentsatz an polarisiertem Streulicht schnell zunimmt, werden auch in diesem Fall bei Verwendung von Polaroidfiltern bessere Fernsichten erzielt.

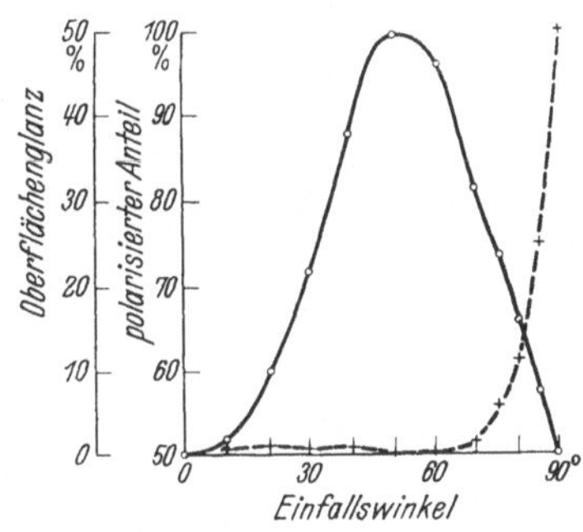

Abb. 25. Reflexion an Wasser.
o polarisierter Anteil.
+ durch einen Polarisator nicht zu beseitigender Oberflächenglanz.

Die Sichtverbesserung längs des „Sonnenstrichs" hat einen erhöhten Beobachtungsstandort zur Voraussetzung. Am Ufer des Bodensees wird infolge der Albedo des Wasserspiegels an heiteren Tagen die untere Dunstschicht gleichmäßig aufgehellt ohne Sichtverbesserung längs des Sonnenstrichs, sondern eher Sichtverschlechterung, wobei die Zone geringster Sicht mit der Sonne im Laufe des Tages von Osten über Süden nach Westen wandert.

II. Flugsicht in Richtung der Sonnenstrahlen (Sonne im Rücken).

Die Flugsicht in Richtung der Sonnenstrahlen ist wesentlich besser als gegen die Sonne. Außerdem ist die Änderung der Flugsichtweite mit zunehmender Flughöhe bei Sonne im Rücken sehr viel geringer als bei Blickrichtung gegen die Sonne. Das hängt damit zusammen, daß die von einem einzelnen Dunstteilchen nach rückwärts gestreute Lichtmenge eine weniger ausgeprägte Winkelabhängigkeit zeigt als der nach vorwärts gestreute und bei Blickrichtung gegen die Sonne wirksame Anteil.

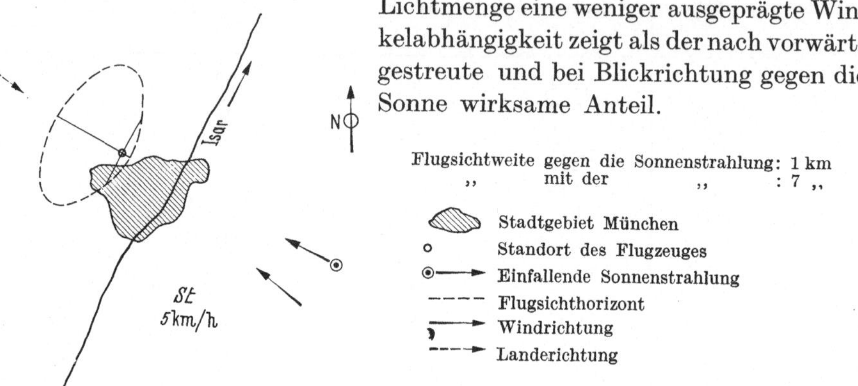

Abb. 26. Flugsichthorizont aus 500 m Flughöhe in München-Oberwiesenfeld bei starkem Stadtdunst in den Morgenstunden und Wind aus SE, 5 km/h.

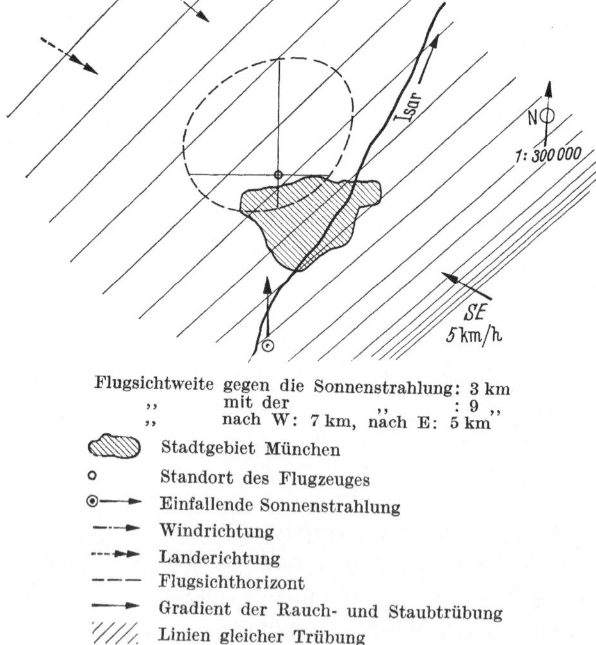

Abb. 27. Flugsichthorizont aus 500 m Flughöhe in München-Oberwiesenfeld bei starkem Stadtdunst in den Mittagstunden und Wind aus SE, 5 km/h.

Zu der ungleichmäßigen Verteilung des Dunstes in der Vertikalen kann noch eine Inhomogenität in der Horizontalen hinzukommen. In

der Nähe von Quellen für Dunst ist dieser Fall die Regel. Die in Großstadtnähe durchgeführten Beobachtungen vom Flugzeug aus haben
Störungen des typischen Verlaufs des Horizonts der Flugsicht ergeben, die darin übereinstimmen, daß die Symmetrie des Sichthorizontes
besonders stark in Mitleidenschaft gezogen wird, wenn die Dunstquellen
im Luv der jeweiligen Windrichtung liegen (REIDAT, BIELICH) (vgl.
Abb. 26 und 27).

24. Sicht bodenwärts.

W. H. PICK und S. P. PETERS [1, 2] brachten die in Cranwell (Lincolnshire) von Flugschülern erhaltenen Sichtangaben in Zusammenhang
mit einer von E. GOLD [2] stammenden Einteilung der Wetterlagen
(Luftdruckverteilungen) in 15 Klassen („Typen"). In der Zeit von
Februar bis Juni 1923 wurde in Cranwell an 199 Beobachtungstagen
um 9 Uhr vormittags die Güte der Sicht bodenwärts in rund 700 m
Flughöhe mit Hilfe der 5 Sichtgrade: ausgezeichnet, gut, mäßig, mäßig
bis schlecht („indifferent") und schlecht festgestellt. Jedes Beobachtungsergebnis stellt das Mittel aus 4 bis 5 Angaben einzelner Flugzeugführer dar. Ausgezeichnete Sicht zum Boden wurde vorzugsweise bei
östlichen Winden festgestellt, was nach A. H. R. GODLIE mit der stärkeren Turbulenz dieser Winde entsprechend dem größeren Verhältnis
von Wind am Boden zu Gradientwind zusammenhängen soll. Mit der
Drehung des Windes nach Norden und mit Zunahme des Höhenwindes
werden die ausgezeichneten Sichten zum Boden aus 700 m Flughöhe
seltener. Während die Bildung von Schönwetterwolken eine Verbesserung der Sicht bodenwärts herbeiführt, nehmen die Sichtverhältnisse
mit dem Bedeckungsgrad an unteren Wolken im allgemeinen ab. Aus
der Windgeschwindigkeit am Boden und ihrer Änderung lassen sich
keine stichhaltigen Schlüsse auf die Flugsichtverhältnisse ziehen, da
zwischen Sicht bodenwärts und Horizontalsicht am Boden eine schlechte
Korrelation — Korrelationskoeffizient nur $0{,}38 \pm 0{,}06$ — gefunden
wurde.

In Hochdruckrücken, auf der Rückseite von Hochdruckgebieten und
auf der Vorderseite von Tiefdruckgebieten werden in der Regel gute
Sichten bodenwärts angetroffen. Einer engeren Kopplung der Sichten
bodenwärts an die Klassifizierung der Wetterlagen von E. GOLD stehen
nach Sir N. SHAW die örtlichen Duststörungen in Cranwell und vor
allem der Umstand hinderlich im Wege, daß eine strenge Einordnung
der jeweiligen Wetterlage in eine der 15 Klassen von GOLD ein Zu-
sammenfallen des Beobachtungsortes mit dem Schwerpunkt des fest-
gestellten Wettertyps verlangt, eine praktisch nur in seltenen Fällen
erfüllbare Forderung.

Die Beurteilung der Sichtverhältnisse bodenwärts gewinnt an Sicherheit durch eine nähere Beschreibung der im Gelände sichtbaren Kon-

traste mit Hilfe einer Sichtgrade-Skala. Da PICK und PETERS mit „sehr gut" nur den Zustand völliger Dunstfreiheit der Atmosphäre und mit „schlecht" eine bis zur Undeutlichkeit der Konturen gesteigerte Verschleierung der Einzelheiten im Gelände meinen können, handelt es sich bei der Überführung der Noten von PICK und PETERS in Sichtgrade bodenwärts lediglich um eine nähere Definition der Zustände: gut, mäßig und mäßig bis schlecht.

Um dem wechselnden Anblick des Geländes Rechnung zu tragen, empfiehlt sich die Einführung einer erweiterten zehnteiligen Skala der Sichtgrade mit den beiden Grenzwerten 0 für fehlende Sicht bodenwärts und 9 für ausgezeichnete Sicht zum Boden bei fast völliger Dunstfreiheit der Atmosphäre. Stellt man die Sichtgrade 1 bis 3 von vornherein zur Beschreibung der mannigfachen Zustände verschwindender Sicht zum Boden bei starkem Dunst bereit, so stehen zur Beschreibung der wechselnden Deutlichkeit der Kontraste im Gelände noch die Sichtgrade 4 bis 8 zur Verfügung. Diese erweiterte Sichtgrade-Skala stellt eine wertvolle Ergänzung und Verfeinerung der Beschreibung der Sichtverhältnisse mit Hilfe der groben Angaben: starker, mäßiger oder leichter Dunst dar und berücksichtigt gleichzeitig die fliegerischen Belange der Orientierung im Gelände.

Tabelle 27. Sichtgrade-Skala für die Sichtverhältnisse bodenwärts.

Sichtgrad	Merkmale
0	Keine Sicht bodenwärts.
1	Bodenannäherung an der Abnahme des Unterlichtes feststellbar.
2	Dunkle, konturlose Flecke stellenweise sichtbar.
3	Unterscheidung von hellen und dunklen Stellen im Untergrund möglich (Granulation des Untergrundes).
4	Großorientierung auf Grund der Unterscheidung von Dörfern und Städten von nicht bebautem Gelände möglich.
5	Wasserflächen (Seen) von festem Boden, Waldflächen von bestelltem Boden, Kulturland von Ödland unterscheidbar.
6	Wasserläufe, Landstraßen, Eisenbahnlinien gerade erkennbar.
7	Kleinorientierung durch die Unterscheidbarkeit der verschiedenen Ordnungen von Straßen und der ein- und mehrgleisigen Eisenbahnstrecken gesichert.
8	Konturen von Einzelheiten im Gelände durch einen nur schwachen Dunstschleier leicht in Mitleidenschaft gezogen.
9	Harte und scharfe Linienführung im Landschaftsbild bei fast völliger Dunstfreiheit der Luft.

25. Horizontalsicht in Flughöhe.

Angaben über die Horizontalsicht in Flughöhe sind besonders dann meteorologisch wertvoll und fliegerisch wichtig, wenn bei Wolkenschichtung wolkenfreie Zwischenräume vorkommen. In Ermangelung von Sichtmarken muß der bloße Augeneindruck zu einer mehr oder weniger unsicheren, aber in Anbetracht der praktischen Bedeutung dieser Angaben unentbehrlichen Meldung zusammengefaßt werden. In wolkenfreien Zwischenschichten sind die Unterschiede in den vorkommenden Sichtweiten wegen des häufigen Wechsels zwischen völliger Staubfreiheit der Luft und starker Anreicherung mit Dunst noch größer als in der unteren, bodengestörten Luftschicht. Nach einer Untersuchung von H. Berg [2] über die Häufigkeitsverteilung der Wolkenunter- und -obergrenzen im norddeutschen Flachland bevorzugen die wolkenlosen Räume bestimmte Höhenstufen, und zwar ergeben sich über Köln zwei besonders häufig in Höhen von 2800 bis 3500 m und 3900 bis 4700 m vorkommende wolkenfreie Schichten. Bei großer Durchsichtigkeit der Luftschichten überwiegt in der Regel der polarisierte Anteil des Luftlichtes über das unpolarisierte Streulicht. Aus dieser Beobachtung kann auf eine Beseitigung der groben Dunstteilchen durch lebhaften Austausch innerhalb der Luftschicht und Abgabe des Trübungsstoffes an die Nachbarschichten und daraus auf einen starken Temperaturgradienten, d. h. auf eine Kaltluftschicht und eine labile, oft gewittrige Zustände einleitende Schichtung rückgeschlossen werden. Beobachtungen über die vorkommenden Schwankungen der Horizontalsichtweite in verschiedenen Flughöhen und die Beziehung dieser Beobachtungsgröße zu der jeweiligen Wetterlage wurden bisher nur im Zusammenhang mit der Vorhersage von Witterungsumschlägen auf Grund der Auflösung von Dunstschichten durchgeführt (vgl. Abschn. 21).

26. Nachtsicht.

Bekanntlich gibt es auch außerhalb der Zeit der Sommersonnenwende bei mondlosem Sternenhimmel sog. „helle" Nächte, in welchen sich entfernte Gebirgszüge noch in 50 km Entfernung vom schwach erhellten Horizont abheben und auch Einzelheiten im Gelände noch in einigen Kilometern Entfernung wahrgenommen werden. In demselben Maße, wie sich der Mensch in die Großstadt zurückgezogen hat und ältere Gepflogenheiten, wie z. B. das Reisen in einer Postkutsche bei Nacht (ALEXANDER V. HUMBOLDT auf dem Wege von Irkutsk nach Berlin 1831) oder die Bestellung der Post durch Landbriefträger bei Nacht, außer Übung kamen und die Nacht durch künstliche Beleuchtung gebannt wurde, nahm auch die Aufmerksamkeit auf die „hellen" Nächte ab. An diese Erscheinung erinnern heute nur noch einige Rechnungen, welche die Zusammensetzung der Himmelshelligkeit in mondlosen sternenklaren Nächten aus direktem und zerstreutem Sternenlicht zum Gegenstand haben und die mit einem durch keinerlei Lichtquelle zu deckenden Restbetrag abschließen, d. h. die beobachtete Himmelshelligkeit und räumliche Beleuchtungsstärke am Erdboden als über die Erwartung groß hinstellen (Brunner).

Die Formel für die Horizontalsichtweite des schwarzen Zieles bei Tage:

$$s_s = \frac{1}{a_0} \ln \frac{1}{\varepsilon}$$

gilt auch bei Nacht für die Sichtbarkeit entfernter Gebirge vor dem Horizont als Hintergrund oder die Erkennbarkeit von Wald vor Schneefeldern, wenn für die relative Unterschiedsschwelle des Auges ein Wert eingesetzt wird, welcher den veränderten Adaptationsverhältnissen bei Nacht Rechnung trägt. Einer Beleuchtungsstärke von $^1/_4$ Lux, welche durch den Vollmond hervorgebracht wird, entspricht etwa $\varepsilon = 0{,}06$. Legt man einen Trübungszustand der Luft zugrunde, welcher durch eine Horizontalsichtweite bei Tage von 10 km gekennzeichnet ist, so fällt die Sichtweite bei Vollmondschein auf rund 7 km und in mondloser, sternklarer Nacht auf 2 km (Middleton [4]). Bei der Dämmerung ist die längs des Horizontes stark veränderliche Horizonthelligkeit von maßgeblichem, noch nicht näher untersuchtem Einfluß auf die Horizontalsichtweite.

Die Erkennbarkeit von Formen ist in stockfinsterer Nacht, d. h. bei Beleuchtungsstärken unter 10^{-4} Lux, überhaupt unmöglich. In diesem Fall verspricht auch die Anwendung von Ferngläsern wenig Nutzen. Bei Beleuchtungsstärken von 10^{-3} Lux, welche in sternklaren, mondlosen Nächten vorkommen, ist die Verbesserung der Sicht durch Übergang zum Fernglassehen nicht nur von der Lichtstärke des Glases, sondern auch von seinem Korrektionszustand abhängig. Bei so geringer Beleuchtung werden schwache Kontraste überhaupt nicht wahrgenommen und starke Helligkeitsunterschiede nur dann erfaßt, wenn sie durch scharfe Konturen voneinander getrennt sind. Deshalb kommt es beim Fernglassehen in der Nacht auch auf die Bildgüte an (Löhle [8], Fabry [2]).

Die vorliegenden Fernglasuntersuchungen, welche die Abhängigkeit der Sehschärfe von der Beleuchtungsstärke zum Gegenstand haben, beziehen sich auf maximale Kontraste zwischen Sehzeichen und Untergrund und zielen mehr auf das Auflösungsvermögen und seine Beeinträchtigung durch geringe Beleuchtungsstärken ab als auf die Wahrnehmbarkeit von Helligkeitsunterschieden flächenförmiger Objekte; sie sind außerdem im Laboratorium angestellt unter Verhältnissen, die sich wegen des fehlenden Luftlichtes grundlegend von den Beobachtungsbedingungen im Gelände unterscheiden (Nagel und Klughardt, Kühl). Bei Beobachtungen vom Flugzeug aus in sternklaren, mondlosen Nächten erschwert schon ein leichter Dunstschleier erfahrungsgemäß die Großorientierung.

27. Feuersicht.

Die Feuersicht ist stets besser als die Horizontalsichtweite am Tage unter ähnlichen Bedingungen und bezogen auf Platzbefeuerungen üblicher Kerzenstärke. Hin und wieder kommen Sprünge von 2 km Horizontalsichtweite am Tage auf 10 km Feuersicht nach Eintritt der Dunkelheit vor, eine Beobachtung, die besonders häufig bei der sog. opaken Trübung im warmen Sektor gemacht wird (Hebner [1]). Die bessere Sichtbarkeit der Feuer bei Nacht im Vergleich zu den Sichtmarken bei Tage tritt vor allem bei Nebel in Erscheinung. Bei Strahlungsnebel, der nach oben abnimmt, sind hoch gelegene Feuer überhaupt unbehindert. Die Sicht in der Horizontalen am eingenebelten Platz ist in diesem Fall wesentlich kleiner als in der Vertikalen. Tauchen die Feuer unter ähnlichen Umständen in den Nebel ein, so sind sie als Schein noch erkennbar. Die Feuersicht ist vom Flugzeug aus wesentlich schlechter als am Boden, wenn keine scharfe Wolkenuntergrenze vorhanden ist, sondern eine Schicht feuchten Dunstes allmählich in Wolken übergeht.

Zur Kennzeichnung des Platzrandes, der Start- und Landebahn werden farbige Feuer bevorzugt. Im Bereich der Sichtweiten zwischen 1 und 5 km erleidet im Binnenland rotes Licht eine weniger starke Lichtschwächung als jede andere Farbe, an der See zeigen häufig umgekehrt grüne Feuer eine größere Tragweite als rote Leuchtfeuer gleicher Kerzenstärke. Im Unterschied hierzu weichen bei Nebel die relativen Schwächungskoeffizienten — welche sich wegen der Elimination des jeweiligen Trübungsgrades besonders zur Veranschaulichung der spektralen Eigenschaften eignen und definiert sind durch

$$n_{\text{rot}} = \frac{\sigma_{\text{rot}}}{\sigma_m}, \qquad n_{\text{grün}} = \frac{\sigma_{\text{grün}}}{\sigma_m}, \qquad n_{\text{blau}} = \frac{\sigma_{\text{blau}}}{\sigma_m},$$

wo $\sigma_m = \frac{1}{3}(\sigma_{\text{rot}} + \sigma_{\text{grün}} + \sigma_{\text{blau}})$ bedeutet — nur um 5 bis 10 % voneinander ab, bezogen auf n_{blau} und n_{rot} (Foitzik [5]). Bei Sichtweiten unter 1 km kennzeichnet das Beobachtungsergebnis $n_{\text{rot}} > n_{\text{blau}}$ die Bildung von echtem Nebel, während die Feststellung $n_{\text{rot}} < n_{\text{blau}}$ auf dichten Dunst oder unechten Nebel schließen läßt. Bei Sichtweiten größer als 1 km ist n_{blau} wesentlich größer als n_{rot}. Diese Unterschiede sind besonders erheblich in Kaltluft (Middleton [7]), weniger bedeutend in Warmluft (Löhle [10]).

Der Berechnung der Tragweite von Leuchtfeuern kann nicht der am Tage gültige mittlere Zerstreuungskoeffizient zugrunde gelegt werden, sondern es muß gleichzeitig die Absorption des Lichtes mitberücksichtigt werden durch Einführung des Schwächungskoeffizienten

$$\sigma = a_0 + b,$$

der sich zusammensetzt aus mittlerem Zerstreuungskoeffizienten a_0 und Absorptionskoeffizienten b. Bedeuten I die Lichtstärke eines Leuchtfeuers und l seine Entfernung, so berechnet sich die am Ort des Beobachters hervorgerufene Beleuchtungsstärke B bei gegebenem σ zu

$$(27) \qquad B = \frac{I}{l^2}\, e^{-\sigma l}.$$

Nach Laboratoriumsbeobachtungen (BUISSON, CURTIS, LANGLEY, LÖHLE, REEVES, RUSSEL) beträgt die geringste, eben noch wahrnehmbare Punkthelligkeit, ausgedrückt in Beleuchtungsstärke am Ort der Eintrittspupille des Auges, rund $B_0 = 17 \cdot 10^{-10}$ Lux oder 250 Quanten ($\lambda = 0,55\,\mu$) $\mathrm{cm}^{-2}\mathrm{sec}^{-1}$ bzw. $8 \cdot 10^{-10}$ erg $\cdot$ sec^{-1} — extrafoveales Sehen vorausgesetzt. Die Fovea centralis ist um rund 3,5 astronomische Größenklassen bzw. den Faktor 25 unempfindlicher als die Peripherie der Netzhaut (LÖHLE [2]). Da das Auge im Freien selten an völlige Dunkelheit adaptiert ist, muß bei Rechnungen an dem optimalen Wert der Reizschwelle ein auf die im Gelände weniger günstigen Beobachtungsumstände Rücksicht nehmender Sicherheitsfaktor angebracht werden. Dieser wurde einer internationalen Vereinbarung gemäß zu 200 festgesetzt, d. h. die praktische Reizschwelle B wird zu $3,5 \cdot 10^{-7}$ Lux angegeben. Hiermit berechnen sich die in Abb. 28 graphisch dargestellten Tragweiten in Abhängigkeit von Lichtstärke und Trübungszustand.

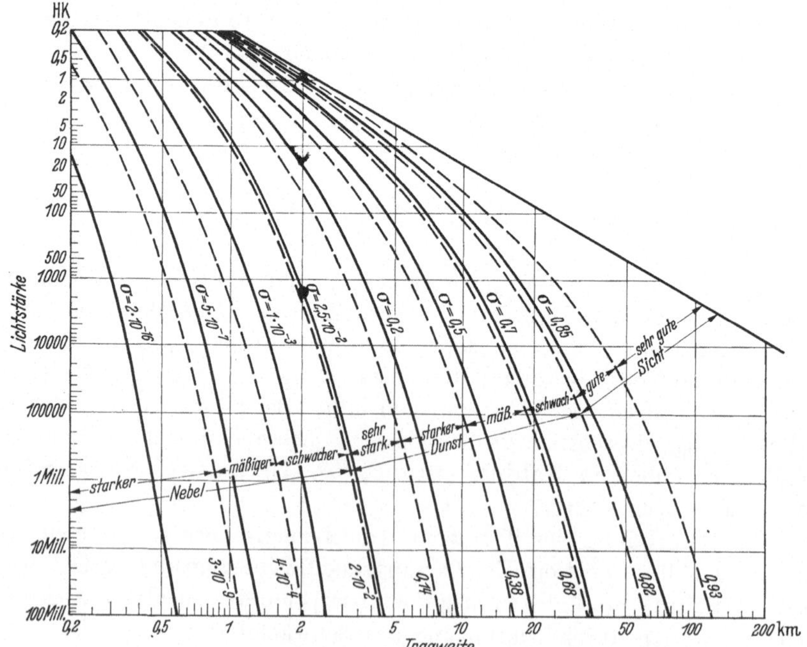

Abb. 28. Tragweiten von Leuchtfeuern mit Lichtstärken von 0,2 HK bis $100 \cdot 10^6$ HK in Abhängigkeit von der Sicht. Reizschwelle: $\varepsilon = 2 \cdot 10^{-7}$ Lux.

Im einzelnen praktischen Fall ist noch wegen der Krümmung der Erdoberfläche die Feuer- und Augeshöhe zu berücksichtigen, vgl. Abb. 29.

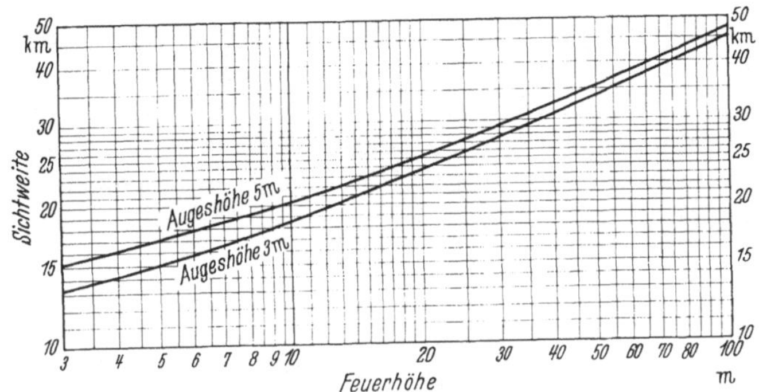

Abb. 29. Feuerhöhe, Augeshöhe und Sichtweite.

28. Sichttheorie.

Die Sichttheorie von H. KOSCHMIEDER [1] stellt die Sichtweite definierter Ziele in Abhängigkeit von der Lufttrübung in einfachen Ausdrücken übersichtlich dar. Die Vereinfachung der Rechnung wurde erzielt durch die Erkenntnis, daß die sog. Zerstreuungsfunktion, welche die Intensität des Streulichtes in Abhängigkeit vom Winkel: einfallender Lichtstrahl—ausfallendes Streulicht regelt, in den Formeln entbehrt werden kann, wenn der Definition des Kontrastes eines Zieles die jeweilige Horizonthelligkeit als Umgebung zugrunde gelegt wird. In der Horizonthelligkeit ist die Zerstreuungsfunktion implizit enthalten, wie schon daraus hervorgeht, daß die Horizonthelligkeit gleichbedeutend mit der scheinbaren Flächenhelligkeit eines schwarzen Zieles ist, welches in derselben Blickrichtung in einer nur wenig größeren Entfernung als die Sichtweite aufgestellt ist. Erfahrungsgemäß ist die Sichtweite eines schwarzen Zieles unabhängig von der Blickrichtung konstant. So kommt es, daß die Änderung der Helligkeit längs des Horizontes den Gang der Zerstreuungsfunktion in Abhängigkeit vom Winkel: Sonnenstrahl—Blickrichtung anschaulich zum Ausdruck bringt. Dieser durch die Einführung der Horizonthelligkeit erzielten Vereinfachung der Rechnung steht auf der anderen Seite der Nachteil gegenüber, daß der Verlauf der Helligkeit längs des Horizontes auf dem Festland nur in Ausnahmefällen ungestört ist, da jede Rauch- und Dunstentwicklung zu einer örtlichen Abweichung der Helligkeit vom gesetzmäßigen Betrag führen muß. Besonders auffallend sind diese Störungen der Horizonthelligkeit in der Nähe von Großstädten, wie z. B. in Potsdam (LÖHLE [13]). Zur Veranschaulichung der hier vorkommenden Störungen sind in Abb. 30 den Messungen, welche sich auf den durch Berlin in Mitleidenschaft gezogenen Sektor beziehen, diejenigen Meßergebnisse gegenübergestellt, welche in dem das Havelland umfassenden, ungestörten Halbraum erhalten wurden.

Um für die Rechnung die nötigen Ansatzpunkte zu schaffen, mußte H. Koschmieder in die Theorie einige Annahmen und Voraussetzungen einführen, welche nur bei bestimmten Wetterlagen erfüllt sind:

1. Die Horizonthelligkeit soll einen gesetzmäßigen, durch etwaige örtliche Dunstanreicherung nicht gestörten Verlauf aufweisen, was nur bei wolkenlosem Himmel über der hohen See in einem ausgedehnten Luftkörper bei gleichmäßiger Verteilung der Vertikalbewegungen auf einen größeren Raum zutrifft.

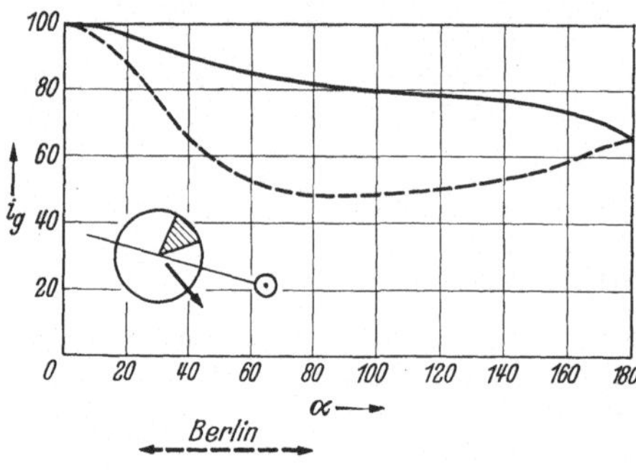
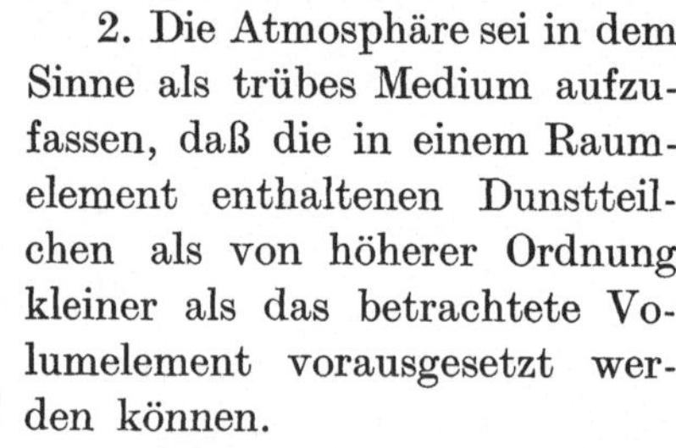
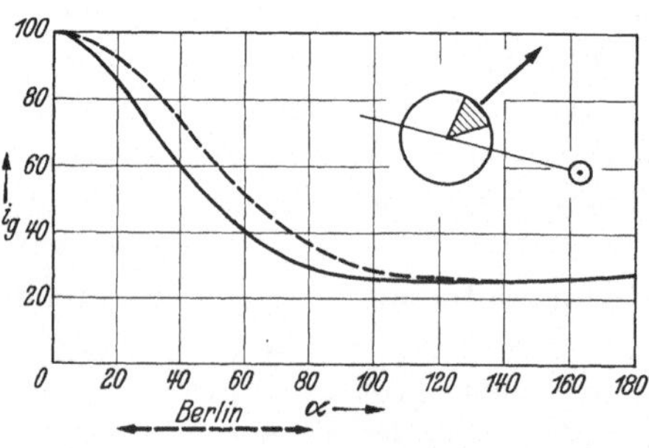

Abb. 30.

a) Stark gestörte Horizonthelligkeit
—— in Richtung auf Berlin. --- im gegenüberliegenden Halbraum.
b) Leicht gestörte Horizonthelligkeit
—— in Richtung auf Berlin. --- im gegenüberliegenden Halbraum.

2. Die Atmosphäre sei in dem Sinne als trübes Medium aufzufassen, daß die in einem Raumelement enthaltenen Dunstteilchen als von höherer Ordnung kleiner als das betrachtete Volumelement vorausgesetzt werden können.

3. Der am einzelnen Teilchen vor sich gehende Prozeß der Lichtzerstreuung werde von den benachbarten Dunstpartikeln nicht gestört.

4. Das von einem Raumelement ausgehende zerstreute Licht werde als von einer punktförmigen Lichtquelle kommend betrachtet, deren Intensität der Zahl der trübenden Teilchen proportional ist.

5. Die Atmosphäre werde wie ein *homogenes* trübes Medium behandelt, sodaß der mittlere Zerstreuungskoeffizient a_0 in der Horizontalen längs des Erdbodens konstant gesetzt werden kann.

6. Das zusätzliche, vom diffus reflektierenden Erdboden herkommende Streulicht verteile sich gleichmäßig auf die Sehstrahlpyramide: Beobachter—Ziel.

7. Eine Beschattung der Sehstrahlpyramide in Zielnähe werde ausgeschlossen, d. h. die lineare Abmessung des gesamten Zieles sei klein gegen die Entfernung Auge—Ziel.

Die von der Sonne ausgehenden und als Streulicht in das Auge gelangenden Lichtstrahlen werden in drei Gruppen eingeteilt. Die Gruppe I

umfaßt diejenigen Strahlen, die ausschließlich in der Atmosphäre ver-
laufen, ohne mit dem Erdboden in Berührung zu kommen, und die
nach einer oder mehreren Richtungsänderungen (Knicken) in die Sehstrahlpyramide gelangen. Zur Gruppe II gehören diejenigen Strahlen,
die nach Reflexion am Erdboden erst mittelbar infolge weiterer Rich-
tungsänderung in die Sehstrahlpyramide gelangen. Strahlen, die unmittelbar nach Reflexion an der Erdoberfläche in die Sehstrahlpyramide
eintreten, werden zur Gruppe III gerechnet. In waldreicher Gegend ist
die vom Untergrund herkommende Streustrahlung gering. Zur Veranschaulichung der Arbeitsmethode genügt außerdem die Beschränkung der
Herleitung der Ausdrücke auf die Strahlen der Gruppe I (vgl. Abb. 31).

1. Strahlen mit nur einem Knick. Der Knick ist in der Sehstrahlpyramide gelegen. Ist J_0 die am Rand der Atmosphäre durch die
Sonne erzeugte Beleuchtungsstärke, $\alpha_\odot$ und $\zeta_\odot$ Azimut und Zenitdistanz
der Sonne, a der Zerstreuungskoef-
fizient der Luft pro km, so ist die
bei einem Raumelement $d\tau_1$ der Sehstrahlpyramide wirksame Beleuchtungsstärke gegeben durch

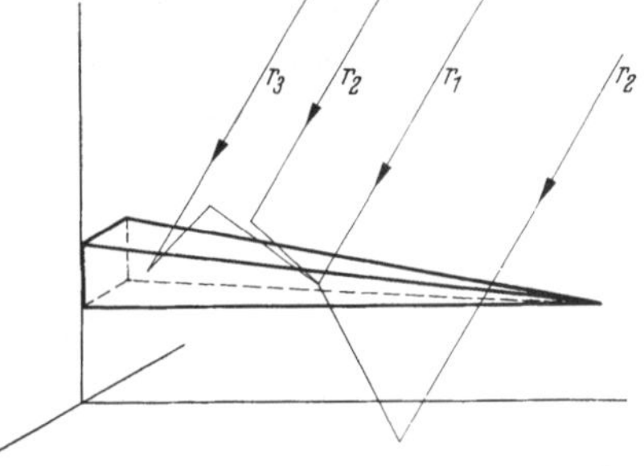

Abb. 31. Entstehung des Luftlichtes durch Strah-
len mit 1 (r_1), 2 (r_2), 3 (r_3) Knicken (Streustellen).

$$(28) \qquad (\alpha) = J_0\, e^{\,d\sec\zeta_\odot\; -\int_0 a\,d\,r_1} .$$

Der Einfachheit halber wird der Rechnung die homogene Atmosphäre von
der Dicke $d = 7{,}991$ km zugrunde gelegt; ferner soll gesetzt werden:

$$(29) \qquad \int_0^{r_r} a\,d r_r = a\,r .$$

Bezeichnet df den der Sehstrahlpyramide zugehörigen räumlichen
Winkel, so läßt sich ein in der Entfernung r_0 vom Auge befindliches
Raumelement $d\tau_1$ ausdrücken durch

$$(30) \qquad d\tau_1 = df \cdot r_0^2\, d r_0 .$$

Von $d\tau_1$ wird eine gewisse Lichtmenge (β) in die Richtung Ziel—Auge
gestreut, die $d\tau_1$ selbst proportional ist. (β) ist außerdem proportional
einer Zerstreuungsfunktion, die a als Faktor enthalten muß, also etwa
$a \cdot \mathfrak{Z}$, wobei $\mathfrak{Z}$ eine Funktion des Winkels φ_1 ist, den der in $d\tau_1$ ein-
fallende Strahl mit dem austretenden bildet. $\mathfrak{Z}$ genügt der Bedingung

$$(31) \qquad \int_0^{2\pi} d\psi \int_0^{\pi} d\chi \sin\chi \cdot \mathfrak{Z}(\psi, \chi) = 1 .$$

$\mathfrak{Z}(\varphi_1)$ ist diejenige Lichtmenge, die in den räumlichen Winkel 1 gestreut
würde, der um φ_1 gegen den einfallenden Strahl geneigt ist, wenn auf

jedes räumliche Winkelelement derselbe Betrag entfiele wie auf das durch φ_1 gekennzeichnete. (β) läßt sich also schließlich darstellen durch

$$(32) \qquad (\beta) = (\alpha) \cdot d\tau_1 \cdot a_0\, \Im(\varphi_1)\,.$$

Da nach Voraussetzung 4 das Raumelement $d\tau_1$ wie eine punktförmige Lichtquelle behandelt werden kann, berechnet sich die Beleuchtungsstärke am Ort des Auges zu

$$(33) \qquad (\gamma) = (\beta)\, \frac{e^{-a_0 r_0}}{r_0^2}$$

bzw.

$$(34) \qquad dh_1 = J_0\, df \cdot e^{-a\, d\sec\zeta_\odot}\, a_0\, \Im(\varphi_1)\, e^{-a_0 r_0}\, dr_0\,.$$

Aus den Werten dh_1, die immer nur für einen Lichtstrahl gelten, ist durch Integration die Beleuchtungsstärke h_1 zu bilden, die von allen nur möglichen Lichtstrahlen mit einem Knick in der Sehstrahlpyramide erzeugt wird. Dabei ist über r_0 zu integrieren, da alle Raumelemente der Sehstrahlpyramide Beiträge zu h_1 liefern. Ist l die Länge der Sehstrahlpyramide, so ergibt sich

$$(35) \qquad h_1 = (1 - e^{-a_0 l})\, J_0\, df \cdot \Im(\varphi_1)\, e^{-a r_1}\,.$$

φ_1 ist eine Konstante, die sich aus dem rechtwinkligen sphärischen Dreieck Sonne, Auge und Fußpunkt des Sonnenvertikals bestimmen läßt zu

$$(36) \qquad \cos\varphi_1 = \sin\zeta_\odot \cos\alpha_\odot\,.$$

Für die Beleuchtungsstärken h_r, welche von Strahlen mit mehr als einem Knick hervorgerufen werden, ergeben sich Ausdrücke, welche von der Formel (35) nur durch einige zusätzliche Integrale abweichen. Wegen der Unkenntnis des Zerstreuungskoeffizienten und der Zerstreuungsfunktion in Abhängigkeit von der Höhe der Raumelemente über Grund läßt sich die Integration allerdings nicht durchführen. Diese Schwierigkeit umgeht H. Koschmieder durch Einführung der Horizonthelligkeit i_g

$$(37) \qquad i_g = \sum_r h_r'\,,$$

wo die h_r' Ausdrücke von der Form

$$(38) \qquad h_1' = J_0\, df \cdot \int\limits_0^{d\sec\zeta_1} dr_1\, a_2\, \Im(\varphi_2)\, e^{-a(r_2 + r_1)}$$

sind. Auf diese Weise läßt sich die in Richtung auf einen schwarzen Schirm meßbare Helligkeit h_s darstellen durch

$$(39) \qquad h_s = (1 - e^{-a_0 l})\int\limits_0^{2\pi} d\alpha_1 \int\limits_0^{\pi/2} d\zeta_1 \cdot \sin\zeta_1 \cdot \Im(\varphi_1)\, i_g(\alpha_1, \zeta_1)\,.$$

Von der Zerstreuungsfunktion $\mathfrak{Z}$ kann man sich vollständig frei machen, indem man zu $l \to \infty$ übergeht. Aus

$$(40) \qquad H_s|_{l \to \infty} = \int\limits_0^{2\pi} d\alpha_1 \int\limits_0^{\pi/2} d\zeta_1 \cdot \sin\zeta_1 \cdot \mathfrak{Z}(\varphi_1)\, i_g(\alpha_1, \zeta_1)$$

folgt

$$(41) \qquad h_s = (1 - e^{-a_0 l})\, H_s|_{l \to \infty}\,.$$

$H_s|_{l \to \infty}$ ist aber nichts anderes als die Horizonthelligkeit, die nur noch vom Azimut α der Blickrichtung abhängig ist. Damit ergibt sich die sog. Luftlichtformel

$$(42) \qquad h_s = (1 - e^{-a_0 l})\, i_g(\alpha)\,,$$

die besagt, daß sich bei gegebener und durch den mittleren Zerstreuungskoeffizienten a_0 gekennzeichneter Lufttrübung die in Richtung auf einen schwarzen Schirm meßbare Flächenhelligkeit h_s darstellen läßt als ein durch den Klammerausdruck $(1 - e^{-a_0 l})$ bestimmter Prozentsatz der Horizonthelligkeit $i_g(\alpha)$ im Azimut α der Blickrichtung.

Die einfache Form, in welcher sich die Aufhellung eines schwarzen Zieles gemäß der Luftlichtformel (42) darstellen läßt, führt zu einigen wichtigen Folgerungen bezüglich der Sichtbarkeit von Sichtmarken definierter Albedo, d. h. schwarzer und weißer Ziele.

Bedeutet h_s die scheinbare Flächenhelligkeit eines schwarzen Zieles, so berechnet sich der Kontrast desselben gegen den Horizont unter Berücksichtigung der Formel (42) zu

$$(43) \qquad \frac{h_s - i_g(\alpha)}{i_g(\alpha)} = -e^{-a_0 l}\,.$$

Schwarze Ziele, z. B. bewaldete Höhen, heben sich also bei gegebener Entfernung l und konstant vorausgesetzter Lufttrübung ($a_0 = \text{const}$) in jeder Blickrichtung gleich gut vom Horizont ab. Für ein in Sichtweite gerücktes schwarzes Ziel ergibt sich der Kontrast zu

$$(44) \qquad -e^{-a_0 s_s} = -\varepsilon\,,$$

d. h. gleich der relativen Unterschiedsschwelle des Auges, woraus sich die Sichtweite s_s eines schwarzen Zieles berechnet zu

$$(45) \qquad s_s = \frac{1}{a_0} \ln \frac{1}{\varepsilon}\,.$$

Die Sichtweite eines schwarzen Zieles gegen den Horizont ist unabhängig von der Blickrichtung. Der Sichthorizont schwarzer Ziele ist ein Kreis um den Beobachter als Mittelpunkt. Um die Konstanz der relativen Unterschiedsschwelle ε zu sichern, sind einige Vorsichtsmaßregeln zu treffen, wie z. B. Schutz des Auges vor Blendung durch direktes Sonnenlicht durch Beschattung mit der hohlen Handfläche

oder Benutzung eines Blendenrohres und längere Adaptation des Auges
an die mittlere Horizonthelligkeit.

Die scheinbare Flächenhelligkeit h_w eines weißen Zieles der Eigenhelligkeit H_w berechnet sich unter Berücksichtigung des hinzukommen-
den Luftlichtes zu

$$(46) \qquad h_w = H_w\, e^{-a_0 l} + i_g(\alpha)\,(1 - e^{-a_0 l})\,.$$

Durch Einführung dieses Wertes in die Formel für verschwindenden
Kontrast

$$(47) \qquad \frac{h_w - i_g(\alpha)}{i_g(\alpha)} = \pm\varepsilon$$

ergibt sich die Sichtweite s_w des weißen Zieles zu

$$(48) \qquad s_w = \frac{1}{a_0}\ln\left[\frac{1}{\varepsilon}\left(\frac{H_w}{i_g(\alpha)} - 1\right)\right]\,.$$

Unter der Sonne erscheint das weiße Ziel dunkel gegenüber dem
hellen Horizont, gegenüber der Sonne hebt es sich hell vor dunklerem
Hintergrund ab. Dementsprechend wechselt das Vorzeichen der relativen Unterschiedsschwelle des Auges von minus zu plus [vgl. Gleichung (47)]. Wird ein weißes Ziel dem Horizont entlanggeführt, so
schlägt der Kontrast in der Gegend von 100° azimutalen Abstandes
vom Sonnenvertikal von Dunkel gegen Hell in Hell gegen Dunkel um.
Dazwischen gibt es eine Stellung, in welcher genau

$$(49) \qquad\qquad H_w = i_g(\alpha) \qquad\qquad \text{bei } \alpha \backsim 100°$$

ist, für welche die Formel (48) $s_w = 0$ liefert, in welcher also das weiße
Ziel unsichtbar sein sollte. Während die aus der Beziehung (45) sich
ergebende Folgerung der Theorie

$$(50) \qquad s_s = \text{const} \quad \text{für} \quad a_0 = \text{const} \quad \text{und} \quad \varepsilon = \text{const}$$

auf Grund von Messungen leicht bestätigt werden konnte, steht der
Nachweis des Sichtminimums des weißen Zieles in rund 100° Azimut,
bezogen auf den Sonnenvertikal, noch aus. Das hängt damit zusammen,
daß natürliche, weiße Ziele (Gletscherfelder, Eisberge) nur selten größere
Flächen aufweisen, welche zufällig genau senkrecht zur Blickrichtung
ausgerichtet sind (vgl. Abschn. 22).

Bei bedecktem Himmel berechnet sich die Eigenhelligkeit H_w eines
weißen Schirmes der Albedo $\mathfrak{A} = 1$ zu

$$(51) \qquad H_w = \frac{1}{\pi}\int_0^\pi d\alpha_1 \int_0^{\pi/2} d\zeta_1 \sin\zeta_1 \cdot \cos\varphi_1 \cdot i_g(\alpha_1, \zeta_1)\,.$$

Hierin bedeuten α_1, ζ_1 die Koordinaten eines Himmelselementes, bezogen auf die Sonne, i_g die Himmelshelligkeit und φ_1 den Winkel zwischen dem betrachteten Himmelselement und der Flächennormalen des

Zieles. Bei einheitlich bedecktem Himmel nimmt Formel (51) den Wert an

$$(52) \qquad H_w = \tfrac{1}{2}\, i_g(\alpha)\,.$$

Damit berechnet sich die scheinbare Flächenhelligkeit h_w eines weißen Zieles bei bedecktem Himmel zu

$$(53) \qquad h_w = H_w\, e^{-a_0 l} + i_g(\alpha)\,(1 - e^{-a_0 l}) = i_g(\alpha)\,(1 - \tfrac{1}{2}\, e^{-a_0 l})\,.$$

Aus der Bedingungsgleichung für den verschwindenden Kontrast

$$(54) \qquad \frac{h_w - i_g(\alpha)}{i_g(\alpha)} = -\varepsilon = -\frac{1}{2}\,\varepsilon^{-a_0 s_w}$$

ergibt sich die Sichtweite s_w des weißen Zieles ($\mathfrak{A} = 1$) bei bedecktem Himmel zu

$$(55) \qquad s_w = \frac{1}{a_0}\, \ln \frac{1}{2\,\varepsilon}\,.$$

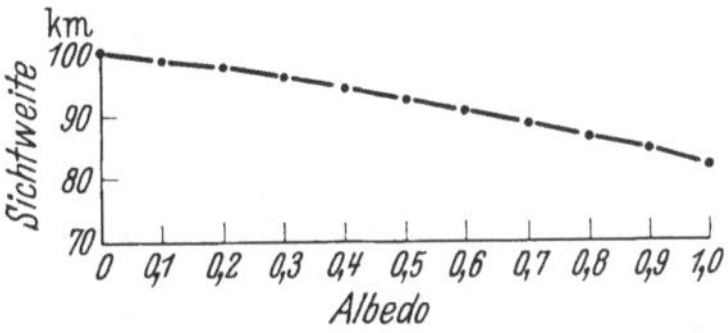

Abb. 32. Prozentische Abnahme der Sichtweite mit der Zunahme der Albedo eines grauen Zieles bei bedecktem Himmel.

Durch Einführung der Albedo $\mathfrak{A}$ in den Ausdruck (51) läßt sich die Rechnung auf (graue) Ziele beliebiger Albedo erweitern. Bei einheitlich bedecktem Himmel ist die Eigenhelligkeit eines grauen Zieles nur abhängig von der Horizonthelligkeit $i_g(\alpha)$ und der Albedo $\mathfrak{A}$ des Zieles gemäß der Beziehung

$$(56) \qquad H_w = \frac{\mathfrak{A}}{2}\, i_g(\alpha)\,.$$

Hieraus folgt für die Sichtweite $s_{\mathfrak{A}}$ eines Zieles beliebiger Albedo $\mathfrak{A}$ bei bedecktem Himmel

$$(57) \qquad s_{\mathfrak{A}} = \frac{1}{a_0}\, \ln\left[\frac{1}{\varepsilon}\left(1 - \frac{\mathfrak{A}}{2}\right)\right]\,.$$

Die Sichtweite $s_{\mathfrak{A}}$ eines Zieles geringer Albedo — bis $\mathfrak{A} = 0{,}3$ — unterscheidet sich nur wenig von der Sichtweite s_s des schwarzen Zieles, wie die folgende Tabelle 28 zeigt (vgl. Abb. 32).

Tabelle 28. Abhängigkeit der Sichtweite $s_{\mathfrak{A}} = \dfrac{1}{a_0}\, \ln\left[\dfrac{1}{\varepsilon}\left(1 - \dfrac{\mathfrak{A}}{2}\right)\right]$ eines grauen Zieles von der Albedo $\mathfrak{A}$ desselben bei gegebener Trübung der Luft ($a_0 = $ const) und bedecktem Himmel.

$a_0 = 1{,}0$ km^{-1}

$\mathfrak{A} =$	0	0,1	0,2	0,3	0,4	0,5	0,6	0,7	0,8	0,8	1,0
$\ln\left[\dfrac{1}{\varepsilon}\left(1 - \dfrac{\mathfrak{A}}{2}\right)\right] =$	3,91	3,86	3,82	3,75	3,70	3,63	3,56	3,48	3,40	3,32	3,22

$\mathfrak{A} =$	0,00	0,01	0,04	0,07	0,10	0,15	0,20
$\ln\left[\dfrac{1}{\varepsilon}\left(1 - \dfrac{\mathfrak{A}}{2}\right)\right] =$	3,91	3,90	3,88	3,87	3,86	3,84	3,82

Bei einheitlich bedecktem Himmel läßt sich auch für die Sichtweite eines Zieles, das sich nicht gegen den Horizont abhebt, sondern gegen das Gelände selbst kontrastiert, ein einfacher Ausdruck herleiten. Sei $\mathfrak{A}_1$ die Albedo des Zieles, $\mathfrak{A}_2$ diejenige seiner Umgebung, so berechnen sich bei vollständig bedecktem Himmel die entsprechenden Eigenhelligkeiten H_1 und H_2 zu

$$(58) \qquad H_1 = \frac{\mathfrak{A}_1}{2} \cdot i_g(\alpha), \qquad H_2 = \frac{\mathfrak{A}_2}{2} \cdot i_g(\alpha)$$

und die scheinbaren Flächenhelligkeiten h_1 und h_2 zu

$$(59\,\mathrm{a}) \qquad h_1 = H_1\, e^{-a_0 l} + i_g(\alpha)\,(1 - e^{-a_0 l}),$$

$$(59\,\mathrm{b}) \qquad h_2 = H_2\, e^{-a_0 l} + i_g(\alpha)\,(1 - e^{-a_0 l}).$$

Der Kontrast beider stellt sich dar als

$$(60) \qquad \frac{h_1 - h_2}{h_2} = \frac{\mathfrak{A}_1 - \mathfrak{A}_2}{2\, e^{a_0 l} + \mathfrak{A}_2 - 2}$$

und für $\dfrac{h_1 - h_2}{h_2} \to \pm\, \varepsilon$ ergibt sich daraus die Sichtweite eines Zieles der Albedo $\mathfrak{A}_1$ vor einem Hintergrund der Albedo $\mathfrak{A}_2$ bei bedecktem Himmel zu

$$(61) \qquad s = \frac{1}{a_0} \ln\left[\frac{1}{2\,\varepsilon}\{(2 - \mathfrak{A}_2)\,(1 + \varepsilon) - (2 - \mathfrak{A}_1)\}\right].$$

Ist $\mathfrak{A}_1$ stark verschieden von $\mathfrak{A}_2$, so kann die Näherungsformel angewendet werden

$$(62) \qquad s = \frac{1}{a_0} \ln \frac{\mathfrak{A}_1 - \mathfrak{A}_2}{2\,\varepsilon}. \qquad\qquad \varepsilon \gtrless 0 \quad \text{für} \quad \mathfrak{A}_1 \gtrless \mathfrak{A}_2$$

29. Fernaufnahmen und Infrarotphotographie.

Die Erfahrung zeigt, daß die mit Hilfe einer gewöhnlichen photographischen Platte [Steilheit der Schwärzungskurve (Gradation) $\gamma = 1$, Kontrastschwelle $\varepsilon_{Pl} = 0,10$] erzielte photographische Sichtweite hinter der visuellen Sichtweite (relative Unterschiedsschwelle des Auges $\varepsilon_A = 0,02$) beträchtlich zurückbleibt. Demgegenüber fallen die auf infrarotempfindlichen Platten gemachten Aufnahmen durch eine verstärkte Wiedergabe der Einzelheiten und eine durchgreifende Steigerung der Kontraste auf. Im allgemeinen wird die Überlegenheit der Infrarotphotographie über die Augenbeobachtungen auf die Herabsetzung der Lichtzerstreuung im Bereich der langen Wellen und die damit verbundene Ausschaltung des Luftlichtschleiers zurückgeführt. In Wirklichkeit beruhen aber die bei Fernaufnahmen erzielten Erfolge vorwiegend auf einer Steigerung des Kontrastes des Blattgrüns gegen seine Umgebung, insbesondere gegen den Horizont. Diese Wirkung kommt dadurch zustande, daß das Blattgrün im Infrarot ein ähnlich hohes Reflexionsvermögen besitzt wie frisch gefallener Schnee („Chlorophylleffekt"), während umgekehrt die Albedo des Horizonts auf der infrarotempfindlichen Platte hinter dem visuellen Wert um so mehr zurückbleibt, je größer der Anteil an kurzwelligem Licht in der Horizontalhelligkeit ist („Nachteffekt"). Maßgeblich für die Wiedergabe von Einzelheiten des Blattgrüns der Leuchtdichte I_0 im Kontrast gegen den angrenzenden Horizont der Flächenhelle I_h ist die Beziehung $I_0 > 2 I_h$, welche den Kontrast $K_0 = I_0 - I_h/I_h$ größer als 1 werden läßt.

Um die Verbesserung der photographischen Sichtweite gegenüber der visuellen auch in Formeln zum Ausdruck zu bringen, hat MECKE [2] einen Einheits- oder Normwert der Sichtweite s_n eingeführt und definiert als den mittleren (dekadischen) Schwächungskoeffizienten α

$$(62, 1) \qquad\qquad s_n = \frac{1}{\alpha}.$$

Durch diese Festsetzung wird erreicht, daß s_n diejenige Entfernung darstellt, in welcher der Kontrast K_0 eines Zieles auf dem Schwellenwert $\varepsilon_{Pl} = 0,10$ der gewöhnlichen photographischen Platte abgesunken ist. s_n ist eine von den Eigenschaften des Zieles und des Empfängers völlig unabhängige Einheitsstrecke zur Kennzeichnung des jeweiligen atmosphärischen Trübungszustandes. Aus ihr wird die wirklich vorliegende Horizontalsichtweite s_h erhalten durch Multiplikation mit einer Sichtkonstanten C, welche sich additiv aus dem Schwellenwert C_s des Empfängers und dem Kontrastwert $C_K = \log K_0$ des Zieles zusammensetzt

$$(62, 2) \qquad\qquad s_h = s_n C = s_n [C_s + C_K].$$

Der Schwellenwert der Sicht C_s ist definitionsgemäß gleich dem negativen Logarithmus der relativen Unterschiedsschwelle des Empfängers (ε_A des Auges bzw. ε_{Pl} der photographischen Platte). Der Zusammenhang von C_s mit der Gradation γ der photographischen Platte ist gegeben durch

$$(62, 3) \qquad\qquad -\log \varepsilon_{Pl} = 1 + \log \gamma,$$

eine Beziehung, welche der Erfahrungstatsache entspringt, daß ein Schwärzungsunterschied von $\Delta S = 0,04$ gerade noch feststellbar ist. Da $\Delta S = \gamma \log_{10}(1 + \varepsilon_{Pl})$ durch Reihenentwicklung übergeht in $\Delta S = 0,43 \gamma \varepsilon_{Pl}$, folgt mit $\Delta S = 0,04$: $\gamma \varepsilon_{Pl} \approx 0,1$ oder (62, 3).

Wenn die Sichtkonstante C den Wert 1 übersteigt, ist die Horizontalsichtweite besser als „normal". Das ist der Fall, wenn $K_0 > 1$, was eintritt, sobald $I_0 > 2 I_h$.

Wie der Vergleich der beiden Abb. 33a und b zeigt, erstreckt sich die Überlegenheit der Infrarotphotographie vor allem auf die bessere Durchzeichnung der Einzelheiten (Details), so daß die Frage nach den Bedingungen, unter welchen die Detailsichtweite größer ist als die Horizontalsichtweite, am Platze ist.

Sind I_0 und I_u die Leuchtdichten von Ziel und Umgebung für $l = 0$ und $I_l = I_h(1 - 10^{-\alpha l})$ das Luftlicht in einer Sehstrahlpyra-

Abb. 33a u. b. Aufnahmen mit einer einfachen „Fix-Focus-Kamera" mit 1 m Brennweite (aus E. v. ANGERER, Wissenschaftliche Photographie, 2. Aufl. Leipzig 1939). Obere Abb.: Isochromplatte (ohne Gelbscheibe). Un'ere Abb.: Mit gleicher Einstellung, wenige Sekunden später aufgenommen, aber m.t Infrarotplatte „800 Hart".

mide der Länge l, so stellt sich der Ziel- oder Detailkontrast $(K_u)_l$ dar als

$$(62, 4) \qquad (K_u)_l = \frac{I_0 \cdot 10^{-\alpha l} - I_u \cdot 10^{-\alpha l}}{I_u 10^{-\alpha l} + I_l}$$

bzw. nach Einführung von $K_0 = \dfrac{I_0 - I_h}{I_h}$ und $K_u = \dfrac{I_u - I_h}{I_h}$ als

$$(62,5) \qquad (K_n)_l = \frac{K_0 - K_u}{10^{\alpha l} + K_u}.$$

Da im Falle der Detailsicht sich der Kontrastwert des Zieles zu $C_K = \log |K_0 - K_u|$ ergibt, folgt für den Unterschied zwischen Detailsichtweite s_z und Horizontalsichtweite s_h

$$(62,6) \qquad s_z - s_h = s_n \log \left| \frac{K_0 - K_u}{K_0} \right|,$$

woraus zu entnehmen ist, daß $s_z > s_h$, falls

$$I_0 > \tfrac{1}{2}(I_h + I_u) > I_u.$$

Wenn also ein Ziel heller ist als das Mittel aus Horizont- und Umgebungshelligkeit und gleichzeitig die Umgebung dunkler als der Horizont ist, muß bei gleichem Schwellenwert C_s der Empfänger die Detailsicht besser als die Horizontalsicht ausfallen.

Die Bedingung $I_0 > I_u$ läßt sich in der Infrarotphotographie wegen der Überlegenheit des Reflexionsvermögens von Blattgrün über die Albedowerte der übrigen Gegenstände im Landschaftsbild (außer Neuschnee) leicht erfüllen. Da die Albedo des Horizontes im Infrarot in demselben Maße abnimmt, wie mit zunehmender Sichtweite der Blaugehalt des Horizontlichtes vor allem in Luftkörpern arktischen Ursprungs ansteigt, kann auch der Beziehung $I_0 > \tfrac{1}{2}(I_h + I_u)$ genügt werden.

Systematische Untersuchungen über die Abhängigkeit der photographischen Sichtweite von der jeweiligen Wetterlage und der von ihr beeinflußten spektralen Durchlässigkeit des Dunstes (vgl. Nr. 13, S. 26), ferner von der Höhe des Lichtweges über dem Meeresspiegel auf Grund von Fernaufnahmen in Richtung auf Gebirgsränder vom Flugzeug aus liegen noch nicht vor. Sicher ist nur, daß bei gewissen Sichtverhältnissen die im Infrarot gemessene Horizontalhelligkeit I_h hinter dem visuellen Wert i_g zurückbleibt und für ein Ziel der scheinbaren auf Infrarot bezogenen Leuchtdichte I_l in der Entfernung l von der Kamera der photographische (dekadische) Schwächungskoeffizient

$$(62,7) \qquad \alpha_{\text{phot}} = \frac{1}{l} \log_{10} \frac{I_0 - I_h}{I_l - I_h}$$

kleiner ausfällt als der entsprechende visuelle Wert

$$(62,8) \qquad \alpha_{\text{vis}} = \frac{1}{l} \log_{10} \frac{H_0 - i_g}{H_l - i_g}$$

für ein Ziel der visuellen Eigenhelligkeit H_0 und der scheinbaren Leuchtdichte H_l in der Entfernung l vom Beobachter. In Übereinstimmung hiermit fand MOHLER eine Zunahme des Verhältnisses von photographischer zu visueller Sichtweite $s_{\text{phot}}/s_{\text{vis}}$ von 1,1 bei diesigem Wetter über 1,4 bei leichtem Dunst bis zu 1,7 an klaren Tagen mit Sichtweiten $s_{\text{vis}} \approx 30$ km. Bei Nebeltagen ist die Durchdringungsfähigkeit der

Atmosphäre für die infrarotempfindliche Platte nicht größer als für das
bloße Auge. Das gilt für „normalen" Nebel mit einem in Rot größeren
Schwächungskoeffizienten als im Blau ($n_{rot} > n_{blau}$, vgl. Nr. 27, S. 79).
Der von FOITZIK [5] festgestellte, offenbar selten auftretende „anormale"
Nebel zeigt auffallenderweise dieselben spektralen Eigenschaften wie
Dunst, d. h. weist im Rot einen bis zu 30% kleineren Schwächungskoeffizienten auf als im Blau gegenüber einer Differenz von nur 5—10%,
bezogen auf n_{blau} und n_{rot} bei „normalem" Nebel. Ob der Unterschied
groß genug ist, um ihn auch mit Hilfe von infrarotempfindlichen Platten
als Differenz der entsprechenden α-Werte für „normalen" und „anor-
malen" Nebel festzustellen, bleibt noch zu untersuchen.

30. Sichtmeßgeräte.

Obwohl nicht die Sicht als Ganzes, sondern immer nur einzelne
photometrische Bausteine derselben der Messung zugänglich sind, hat
sich der wenig zutreffende Begriff
„Sichtmessung" eingebürgert. Soweit
sich die Beobachtungsbedingungen beim
Meßvorgang selbst wenig unterscheiden
von den Verhältnissen beim Schätzen
der Sicht, kann zwar die Bezeichnung
„Sichtmesser" zugelassen werden. Im
Grunde besteht aber diese Begriffsbil-
dung nur bei dem Sichtmesser von
LOYD A. JONES [2, 3] zu Recht, da bei
diesem Gerät ein ins Auge gefaßter Teil
des Landschaftsbildes oder eine Sichtmarke durch zusätzliches, künstliches
Luftlicht derart verschleiert wird, daß
der Eindruck entsteht, das Ziel liege
in Sichtweite. Der „Sichtmesser" von
A. WIGAND [3] und der „Lufttrübungsmesser" von W. W. SCHARONOW [1, 2])
sind zwar nach demselben Prinzip ge-

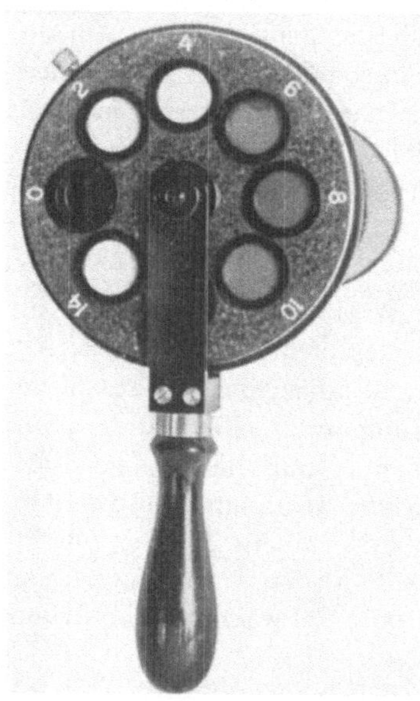
Abb. 34. WIGANDscher Stufensichtmesser.

baut, aber die in den Strahlengang
Auge—Ziel hineingeworfene zusätz-
liche Menge künstlichen Streulichtes ist nicht exakt meßbar. Die übrigen, noch bekanntgewordenen Sichtmeßgeräte unterscheiden sich von
den im Laboratorium gebräuchlichen Photometern nur hinsichtlich ihrer
Handlichkeit bzw. ihrer Kennzeichnung als Feldgeräte.

a) WIGANDscher Sichtmesser.

Der WIGANDsche Sichtmesser besteht aus einem Satz Mattgläser
zunehmender optischer Dichte bzw. einem Graukeil zweckentsprechen-

der Herstellungsweise (vgl. Abb. 34 und 35) (POLLAK u. GERLICH [3]). Die Verschleierung des Landschaftsbildes h'_s, welche durch die Benutzung eines Mattglases bestimmter Dichte d erreicht wird, hängt von dem einfallenden Vorderlicht $B(\alpha)$ und dem für den jeweiligen Satz von Mattgläsern gültigen Schwächungskoeffizienten p ab gemäß der Beziehung

$$(63) \qquad h'_s = B(\alpha)\,[1 - e^{-pd}]\,.$$

Der Kontrast eines schwarzen, vom Horizont sich abhebenden und in einem bestimmten Mattglas gerade verschwindenden Zieles berechnet sich zu

$$(64) \qquad \frac{i_g(1 - e^{-a_0 l})\,e^{-pd} - i_g\,e^{-pd}}{i_g\,e^{-pd} + B(\alpha)\,(1 - e^{-pd})} = -\varepsilon\,,$$

woraus folgt

$$(65) \qquad e^{-a_0 l} = \varepsilon\left[1 + \frac{B(\alpha)}{i_g}\,(e^{pd} - 1)\right].$$

Das von den jeweiligen Beobachtungsumständen abhängige Verhältnis von Vorderlicht zu Horizonthelligkeit in ein und derselben Blickrichtung läßt sich mit Hilfe eines schwarzen, in der Nähe des Beobachters aufgestellten Schirmes gleichen Sehwinkels (wie das Ziel) ermitteln; unter Vernachlässigung des Luftlichtes ergibt sich aus

$$(66) \qquad \frac{-i_g\,e^{-pd_0}}{i_g\,e^{-pd_0} + B(\alpha)\,(1 - e^{-pd_0})} = -\varepsilon_0$$

das Verhältnis von Vorderlicht zu Horizonthelligkeit

$$(67) \qquad \frac{B(\alpha)}{i_g} = \frac{\dfrac{1}{\varepsilon_0} - 1}{e^{pd_0} - 1}\,.$$

Hiermit geht (65) über in

$$(68) \qquad e^{-a_0 l} = \varepsilon\left[1 + \left(\frac{1}{\varepsilon_0} - 1\right)\frac{e^{pd} - 1}{e^{pd_0} - 1}\right],$$

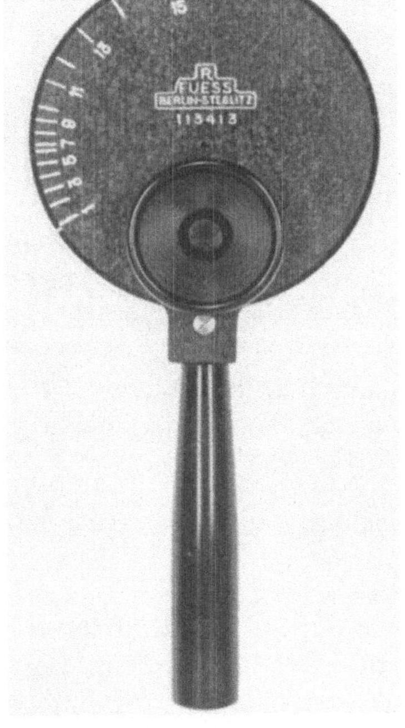
Abb. 35. Keilsichtmesser nach A. WIGAND mit einem Gelatine-Graukeil, dessen lichtzerstreuende Teilchen wie die Oberflächentrübung eines mattierten Glases wirken.

woraus sich der mittlere Zerstreuungskoeffizient a_0 in der Horizontalen berechnet zu

$$(69) \qquad a_0 = \frac{1}{l}\left[\ln\frac{1}{\varepsilon} - \ln\left[1 + \left(\frac{1}{\varepsilon_0} - 1\right)\frac{e^{pd} - 1}{e^{pd_0} - 1}\right]\right].$$

Wird den Messungen eine Sichtmarke beliebiger Albedo bzw. unbekannter Eigenhelligkeit H_z zugrunde gelegt, so berechnet sich der Kontrast im Falle des Verschwindens des Zieles im Mattglas zu

$$(70) \qquad \frac{[H_z\,e^{-a_0 l} + i_g(1 - e^{-a_0 l})]\,e^{-pd} - i_g\,e^{-pd}}{i_g\,e^{-pd} - B(\alpha)\,(1 - e^{-pd})} = \pm\varepsilon\,.$$

Hieraus folgt

$$(71) \qquad e^{-a_0 l} = \frac{\pm \varepsilon}{\dfrac{H_z}{i_g} - 1} \left[1 + \frac{B(\alpha)}{i_g} (e^{p d} - 1) \right].$$

Zur Bestimmung des Verhältnisses der Eigenhelligkeit des Zieles zur Horizonthelligkeit H_z/i_g kann — gleiche Beleuchtung vorausgesetzt — ein in der Nähe des Beobachters aufgestelltes Hilfsziel gleicher Albedo und gleichen Sehwinkels herangezogen werden. Aus der hierfür gültigen Bedingungsgleichung für das Verschwinden des Vergleichskörpers im Mattglas der Dichte d'

$$(72) \qquad \frac{H_z e^{-p d'} - i_g e^{-p d'}}{i_g e^{-p d'} + B(\alpha)(1 - e^{-p d'})} = \pm \varepsilon',$$

folgt

$$(73) \qquad \frac{1}{\dfrac{H_z}{i_g} - 1} = \frac{1}{\pm \varepsilon' \left[1 + \dfrac{B(\alpha)}{i_g} (e^{p d'} - 1) \right]}.$$

Hiermit geht Gleichung (71) über in

$$(74) \qquad e^{-a_0 l} = \frac{\pm \varepsilon \left[1 + \dfrac{B(\alpha)}{i_g} (e^{p d} - 1) \right]}{\pm \varepsilon' \left[1 + \dfrac{B(\alpha)}{i_g} (e^{p d'} - 1) \right]}$$

und durch Elimination von $B(\alpha)/i_g$ mit Hilfe eines schwarzen Schirmes bei Benutzung eines Mattglases der Dichte d_0 ergibt sich

$$(75) \qquad e^{-a_0 l} = \frac{\pm \varepsilon \left[1 + \left(\dfrac{1}{\varepsilon_0} - 1 \right) \dfrac{e^{p d} - 1}{e^{p d_0} - 1} \right]}{\pm \varepsilon' \left[1 + \left(\dfrac{1}{\varepsilon_0} - 1 \right) \dfrac{e^{p d'} - 1}{e^{p d_0} - 1} \right]},$$

und

$$(76) \qquad a_0 = \frac{1}{l} \left[\ln \frac{1}{\varepsilon} - \ln \frac{1 + \left(\dfrac{1}{\varepsilon_0} - 1 \right) \dfrac{e^{p d} - 1}{e^{p d_0} - 1}}{\varepsilon' \left[1 + \left(\dfrac{1}{\varepsilon_0} - 1 \right) \dfrac{e^{p d'} - 1}{e^{p d_0} - 1} \right]} \right].$$

Soweit $\varepsilon' = \varepsilon$ gesetzt werden kann, vereinfacht sich der Ausdruck (76) zu

$$(76\,\mathrm{a}) \qquad a_0 = \frac{1}{l} \ln \frac{1 + \left(\dfrac{1}{\varepsilon_0} - 1 \right) \dfrac{e^{p d'} - 1}{e^{p d_0} - 1}}{1 + \left(\dfrac{1}{\varepsilon_0} - 1 \right) \dfrac{e^{p d} - 1}{e^{p d_0} - 1}}.$$

Befindet sich ein weißes Ziel bei einem gegebenen Trübungszustand der Luft schon in Sichtweite, so wird $d = 0$, woraus für a_0 folgt:

$$(76\,\mathrm{b}) \qquad a_0 = \frac{1}{s_w} \left[\ln \frac{1}{\varepsilon} - \ln \frac{1}{\varepsilon' \left[1 + \left(\dfrac{1}{\varepsilon_0} - 1 \right) \dfrac{e^{p d'} - 1}{e^{p d_0} - 1} \right]} \right].$$

Im Halbraum unter der Sonne, d. h. bei Beschattung der Hilfsziele, ist $d_0 > d'$, demgemäß

$$\ln \frac{1}{\varepsilon'\left[1 + \left(\dfrac{1}{\varepsilon_0} - 1\right)\dfrac{e^{p\,d'} - 1}{e^{p\,d_0} - 1}\right]} > 0,$$

wie es sein muß entsprechend der Beziehung

$$\frac{1}{s_s}\ln\frac{1}{\varepsilon} = a_0 = \frac{1}{s_w}\left[\ln\frac{1}{\varepsilon} - \ln\frac{1}{\varepsilon'\left[1 + \left(\dfrac{1}{\varepsilon_0} - 1\right)\dfrac{e^{p\,d'} - 1}{e^{p\,d_0} - 1}\right]}\right],$$

worin für den genannten Halbraum $s_s > s_w$ zu setzen ist.

Die Formel (76) kann auch herangezogen werden zur Bestimmung eines der Schrägsicht (Sicht schräg aufwärts vom Erdboden aus) zugrunde liegenden Durchschnittswertes des mittleren Zerstreuungskoeffizienten a, bezogen auf eine bestimmte Richtung α, ζ (α Azimut, ζ Zenitdistanz) des Sehstrahles, z. B. durch Anvisieren eines Pilotballons (WIGAND u. GENTHE). Dabei ist darauf zu achten, daß sich die Einstellungen d' und d_0 auf Vergleichskörper beziehen, die jeweils gegen dieselbe Himmelsstelle (α, ζ) kontrastieren, gegen welche der Pilotballon sich im Augenblick der Einstellung d abhob und die bei gleicher Beleuchtung unter dem gleichen Sehwinkel erscheinen wie dieser. Außerdem muß sich die Albedo des Vergleichskörpers in derselben Weise ändern wie die Rückwurfzahl des sich mit zunehmender Höhe mehr und mehr ausdehnenden Pilotballons.

Die Sichtweite hat gegenüber dem mittleren Zerstreuungskoeffizienten den Vorzug größerer Anschaulichkeit. Die Überführung der einen Maßangabe für die Trübung der Luft in die andere ist lediglich eine Rechenaufgabe. Unter Berücksichtigung der Beziehungen (76a) und (73) folgt aus

$$(48) \qquad s_w = \frac{1}{a_0}\ln\left[\frac{1}{\varepsilon}\left(\frac{H_z}{i_g(\alpha)} - 1\right)\right]$$

für die Horizontalsichtweite eines Zieles beliebiger Albedo:

$$(77) \qquad s_w = \frac{l}{1 - \dfrac{\ln\left[1 + \left(\dfrac{1}{\varepsilon_0} - 1\right)\dfrac{e^{p\,d} - 1}{e^{p\,d_0} - 1}\right]}{\ln\left[1 + \left(\dfrac{1}{\varepsilon_0} - 1\right)\dfrac{e^{p\,d'} - 1}{e^{p\,d_0} - 1}\right]}}.$$

Für $d \to 0$ geht $l \to s_w$, wie es sein muß.

An die Stelle des Vergleichskörpers kann auch ein zweites Ziel gleicher Albedo und gleichen Sehwinkels gesetzt werden. Aus der für ein Ziel 1 in der Entfernung l_1 geltenden Einstellung d_1 und der anderen für ein zweites Ziel gefundenen Einstellung d_2 und den entsprechenden Beziehungen

$$(71\,\mathrm{a}) \qquad e^{-a_0 l_1} = \frac{\pm\varepsilon}{\dfrac{H_z}{i_g} - 1}\left[1 + \frac{B(\alpha)}{i_g}(e^{p\,d_1} - 1)\right],$$

$$(71\,\mathrm{b}) \qquad e^{-a_0 l_2} = \frac{\pm \varepsilon}{\dfrac{H_z}{i_g} - 1}\left(1 + \frac{B(\alpha)}{i_g}\left(e^{p\,d_2} - 1\right)\right]$$

ergibt sich der mittlere Zerstreuungskoeffizient a_0 zu

$$(76\,\mathrm{c}) \qquad a_0 = \frac{1}{l_2 - l_1}\ln\frac{1 + \left(\dfrac{1}{\varepsilon_0} - 1\right)\dfrac{e^{p\,d_1} - 1}{e^{p\,d_0} - 1}}{1 + \left(\dfrac{1}{\varepsilon_0} - 1\right)\dfrac{e^{p\,d_2} - 1}{e^{p\,d_0} - 1}}.$$

b) Sichtmesser von Loyd A. Jones.

Der Sichtmesser von Loyd A. Jones [2, 3] besteht aus einer Vorrichtung, welche künstliches Streulicht zusätzlich in den Strahlengang Auge—Ziel wirft, und einem Graukeil, welcher den Kontrast zwischen Ziel und Umgebung meßbar schwächt (vgl. Abb. 36).

Bedeuten H_z und i_g die wahren Leuchtdichten von Ziel bzw. Horizont, so ergeben sich bei einer gewissen Stellung T des Graukeiles unter dem Einfluß des Luftlichtes und unter der Wirkung einer meßbaren, zusätzlichen Menge b_v künstlichen Streulichtes die entsprechenden scheinbaren Flächenhelligkeiten h_z und i_g'' zu

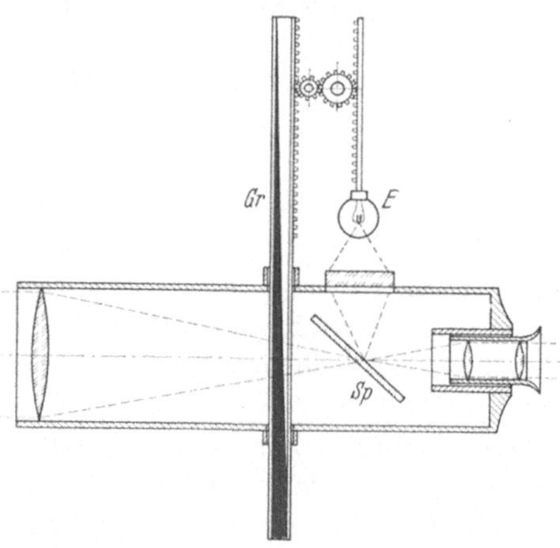

Abb. 36. Sichtmesser nach L. A. Jones.
Gr = Graukeil, Sp = Spiegel (halbdurchlässig),
E = Elektr. Glühbirne.

$$(78) \qquad h_z = T H_z e^{-a_0 l} + T i_g (1 - e^{-a_0 l}) + b_v,$$
$$i_g'' = T i_g + b_v.$$

Der Kontrast bei Einstellung auf Verschwinden eines Zieles berechnet sich zu

$$(79) \qquad \frac{h_z - i_g''}{i_g''} = \frac{T H_z e^{-a_0 l} + T i_g (1 - e^{-a_0 l}) - T i_g}{T i_g + b_v} = \pm \varepsilon,$$

woraus folgt

$$(80) \qquad e^{-a_0 l} = \frac{\pm \varepsilon}{\dfrac{H_z}{i_g} - 1}\left(1 + \frac{1}{T}\frac{b_v}{i_g}\right).$$

Um die unbekannten Größen H_z und i_g zu eliminieren, sind zwei weitere Messungen mit Hilfe eines schwarzen Schirmes und eines Zieles gleicher Albedo bei gleicher Beleuchtung erforderlich. Beide Vergleichsziele müssen in der Nähe des Beobachters aufgestellt werden und unter gleichem Sehwinkel wie das Ziel in der Entfernung l erscheinen. Gemäß

Beziehung (80) liefert der schwarze Schirm bei den Einstellungen T_0 und b_{v_0}

$$(81) \qquad \frac{1}{i_g} = \left(\frac{1}{\varepsilon_0} - 1 \right) \frac{T_0}{b_{v_0}}$$

und der Vergleichskörper

$$(82) \qquad \frac{\pm \varepsilon}{\dfrac{H_z}{i_g} - 1} = \frac{1}{1 + \dfrac{1}{T'} \dfrac{b'_v}{i_g}} \; .$$

Damit berechnet sich der mittlere Zerstreuungskoeffizient a_0 zu

$$(83) \qquad a_0 = \frac{1}{l} \ln \frac{1 + \left(\dfrac{1}{\varepsilon_0} - 1 \right) \dfrac{T_0}{T'} \dfrac{b'_v}{b_{v_0}}}{1 + \left(\dfrac{1}{\varepsilon_0} - 1 \right) \dfrac{T_0}{T} \dfrac{b_v}{b_{v_0}}} \, ,$$

und die Horizontalsichtweite s_w ergibt sich unter Berücksichtigung der Formel

$$(48) \qquad s_w = \frac{1}{a_0} \ln \left[\frac{1}{\varepsilon} \left(\frac{H_w}{i_g(\alpha)} - 1 \right) \right]$$

zu

$$(84) \qquad s_w = \frac{l}{1 - \dfrac{\ln \left[1 + \left(\dfrac{1}{\varepsilon_0} - 1 \right) \dfrac{T_0}{T} \dfrac{b_v}{b_{v_0}} \right]}{\ln \left[1 + \left(\dfrac{1}{\varepsilon_0} - 1 \right) \dfrac{T_0}{T'} \dfrac{b'_v}{b_{v_0}} \right]}} \; .$$

Für $b_v \to 0$ geht $l \to s_w$, wie es sein muß.

An Stelle des Vergleichskörpers kann auch ein zweites Ziel gleicher Albedo und gleichen Sehwinkels herangezogen werden. Aus

$$(85) \qquad e^{-a_0 l_1} = \frac{\pm \varepsilon}{\dfrac{H_z}{i_g} - 1} \left(1 + \frac{1}{T_1} \frac{b_{v_1}}{i_g} \right)$$

für ein Ziel 1 in der Entfernung l_1 und

$$(86) \qquad e^{-a_0 l_2} = \frac{\pm \varepsilon}{\dfrac{H_z}{i_g} - 1} \left(1 + \frac{1}{T_2} \frac{b_{v_2}}{i_g} \right)$$

für ein zweites Ziel in der Entfernung l_2 und in derselben Blickrichtung folgt unter Berücksichtigung von (81)

$$(87) \qquad a_0 = \frac{1}{l_2 - l_1} \ln \frac{1 + \left(\dfrac{1}{\varepsilon_0} - 1 \right) \dfrac{T_0}{T_1} \dfrac{b_{v_1}}{b_{v_0}}}{1 + \left(\dfrac{1}{\varepsilon_0} - 1 \right) \dfrac{T_0}{T_2} \dfrac{b_{v_2}}{b_{v_0}}} \; .$$

c) Lufttrübungsmesser von W. W. Scharonow.

Der Lufttrübungsmesser von W. W. Scharonow [1, 2] ist ähnlich wie der Sichtmesser von Loyd A. Jones gebaut, d. h. er enthält

wie dieser einen Graukeil, welcher den Kontrast zwischen Ziel und
Hintergrund meßbar schwächt und eine Einrichtung, welche in den
Strahlengang Auge—Ziel eine bestimmte, vom jeweiligen Oberlicht abhängige Menge b zusätzlichen Streulichtes wirft (vgl. Abb. 37). Im
Unterschied zum Sichtmesser von LOYD A. JONES ist aber das zusätzliche Streulicht nicht meßbar veränderlich. Unter gegebenen Beobachtungsbedingungen, d. h. bei ein und derselben Meßreihe, kann b wie
eine Konstante behandelt werden. Demzufolge gelten auch die schon
bei dem Sichtmesser von LOYD A. JONES abgeleiteten Formeln, nur
hebt sich b heraus, so daß sich bei Zuhilfenahme von Vergleichszielen
der mittlere Zerstreuungskoeffizient a_0 aus den drei Einstellungen T,
T_0 und T' am Graukeil ergibt zu

$$(88) \qquad a_0 = \frac{1}{l} \ln \frac{1 + \left(\frac{1}{\varepsilon_0} - 1\right)\frac{T_0}{T'}}{1 + \left(\frac{1}{\varepsilon_0} - 1\right)\frac{T_0}{T}},$$

womit sich die Horizontalsichtweite s_w
berechnet zu

$$(89) \qquad s_w = \frac{l}{1 - \dfrac{\ln\left[1 + \left(\frac{1}{\varepsilon_0} - 1\right)\frac{T_0}{T}\right]}{\ln\left[1 + \left(\frac{1}{\varepsilon_0} - 1\right)\frac{T_0}{T'}\right]}}.$$

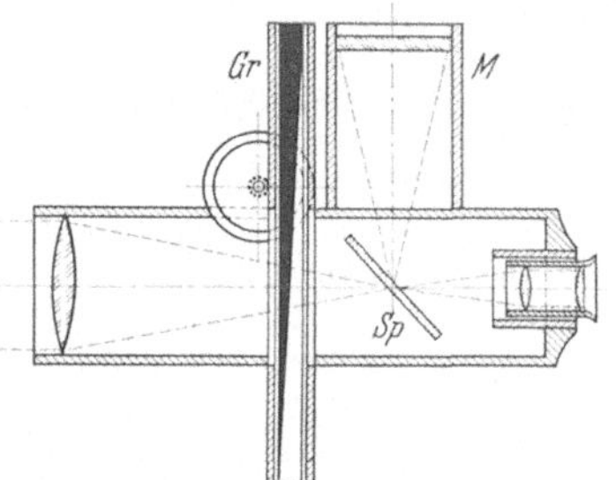

Abb. 37. Lufttrübungsmesser von
W. W. SCHARONOW.
Gr = Graukeil, Sp = Spiegel (halbdurch-
lässig), M = Mattscheibe.

Die Vermessung von zwei Zielen gleicher
Albedo und gleichen Sehwinkels in den Entfernungen l_1 und l_2 führt
auf die der Formel (87) entsprechende Beziehung

$$(90) \qquad a_0 = \frac{1}{l_2 - l_1} \ln \frac{1 + \left(\frac{1}{\varepsilon_0} - 1\right)\frac{T_0}{T_1}}{1 + \left(\frac{1}{\varepsilon_0} - 1\right)\frac{T_0}{T_2}}.$$

d) Telephotometer von H. KOSCHMIEDER.

Bei den Messungen auf der Danziger Reede von der Ostmole aus und
bei Rostau, 11 km südlich von Danzig, verwandten H. KOSCHMIEDER [2]
und Mitarbeiter (RÜHLE) ein Telephotometer, welches aus einer Verbindung eines Fernrohres von 1,95 m Brennweite mit dem Astrophoto-
meter für Flächenphotometrie nach ROSENBERG (Apho 4 der Askania-
Werke, Berlin-Friedenau) bestand. Um den Einfluß der bei Samt-
flächen noch verbleibenden geringen Albedo und die störende Wirkung
des im Fernrohr auftretenden Streulichtes zu beseitigen, wurden jedem
Meßergebnis zwei Beobachtungswerte zugrunde gelegt, welche sich auf
zwei unter gleichem Sehwinkel erscheinende, aber in verschiedenen
Entfernungen l_1 und l_2 aufgestellte schwarze Schirme bezogen.

Bedeutet ϱ die Eigenhelligkeit der schwarzen Fläche und S das Streulicht im Fernrohr, so berechnen sich die im Photometer beobachteten Helligkeiten der Ziele 1 und 2 und des Horizonts zu

$$(91) \qquad h'_{1,2} = \varrho\, e^{-a_0 l_{1,2}} + i_g (1 - e^{-a_0 l_{1,2}}) + S,$$

$$i''_g = i_g + S,$$

woraus folgt

$$(92) \qquad h'_{1,2} = i''_g \left[1 - \left(1 - \frac{\varrho + S}{i''_g} \right) e^{-a_0 l_{1,2}} \right].$$

$\dfrac{\varrho + S}{i''_g} = \tau$ stellt das in Einheiten der Horizonthelligkeit gemessene „falsche" Licht dar. Aus (92) ergibt sich der mittlere Zerstreuungskoeffizient a_0 zu

$$(93) \qquad a_0 = \frac{1}{l_2 - l_1} \ln \frac{h'_1 - i'_g}{h'_2 - i'_g}.$$

Die Verwendung von künstlichen Zielen von nur $1{,}35 \times 1{,}35$ m² Größe beschränkte die Meßstrecke auf eine Entfernung von 1 km. Da die Beobachtungen vorzugsweise bei verhältnismäßig geringen Sichtweiten (zwischen 4 und 12 km) durchgeführt wurden, ging die Absorption merklich in das Meßergebnis ein, d. h. es wurde die Summe aus mittlerem Zerstreuungskoeffizient a_0 und Absorptionskoeffizient b

$$\sigma = a_0 + b$$

gemessen, wo σ den Schwächungskoeffizienten bedeutet. Bei Sichtweiten > 10 km und außerhalb der Störungsgebiete der Großstädte kann die Absorption vernachlässigt werden.

e) Nachtsichtmesser nach KOSCHMIEDER-ZEISS.

Der Nachtsichtmesser nach KOSCHMIEDER-ZEISS (FOITZIK [5]) besteht aus einem Pulfrichphotometer in Verbindung mit einer Vorrichtung zur Erzeugung eines parallelen Strahlenbündels und zur Ausblendung eines Bruchteils zur Messung dienenden Vergleichslichtes (vgl. Abb. 38 und 39).

Von einer Lichtquelle großer Flächenhelle S (vgl. Abb. 39) geht ein paralleles Strahlenbündel aus, wird an einem in rund 100 m Entfernung aufgestellten Tripelspiegel reflektiert, gelangt von dort zur Linse L_3 zurück und wird von dieser auf die Mattscheiben $M'_1 M_1$ unscharf konzentriert. Ein Teil des Lichtes wird an der vor der Linse L_2 geneigt angebrachten planparallelen Glasplatte reflektiert und über ein System von Prismen auf den Mattscheiben $M'_2 M_2$ unscharf abgebildet. Hinter den Mattscheiben $M_1 M_2$ befinden sich die mit den Meßtrommeln R_1 und R_2 verbundenen Blenden B_1 und B_2 des Stufenphotometers von PULFRICH.

Wird bei sehr klarer Luft Helligkeitsgleichheit der Photometerfelder bei einer Trommelstellung T_0 erzielt und bei getrübter Luft Helligkeitsgleichheit bei einer Trommelstellung T erreicht, so beträgt die Lichtdurchlässigkeit der Luft längs der Meßstrecke $d = T/T_0$. Als Meß-

Abb. 38. Nachtsichtmesser nach KOSCHMIEDER-ZEISS.

strecke l ist die doppelte Spiegelentfernung einzusetzen. Aus der Beziehung

$$d = e^{-\sigma l}$$

ergibt sich der Schwächungskoeffizient σ zu

$$(94) \qquad \sigma = \frac{2,30}{l} \left(\log T_0 - \log T\right).$$

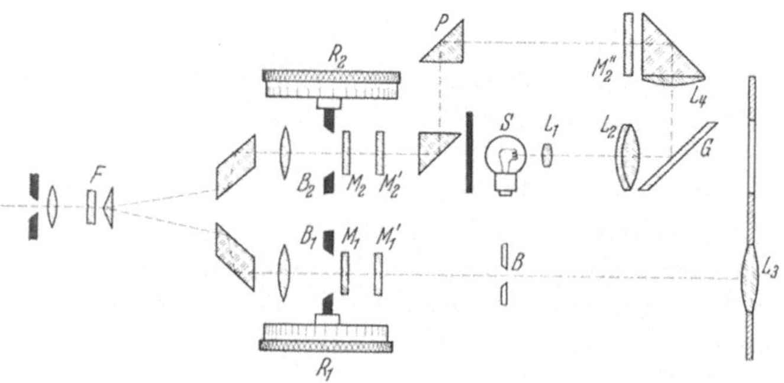

Abb. 39. Nachtsichtmesser nach KOSCHMIEDER-ZEISS.
$B_1 B_2$ = Meßblenden, $M_1 M_2$ = Mattscheiben, $R_1 R_2$ = Meßtrommeln, S = 6 Volt-Osram-Tonfilmlampe, F = Farbige Filter, G = Glasplatte.

Im Okularteil des Photometers können in den gemeinsamen Strahlengang Farbfilter F eingeschoben werden.

f) Nachtsichtmesser nach W. E. KNOWLES MIDDLETON.

Der Nachtsichtmesser nach W. E. KNOWLES MIDDLETON [2, 3] eignet sich zur Messung der Lichtstärke punktförmiger Lichtquellen bei Nacht. Zu diesem Zweck wird die zu photometrierende Lichtquelle mit einem künstlichen Stern verglichen. Dieser wird hergestellt mit Hilfe einer Lochblende D, welche vor einer von hinten beleuchteten Milchglasplatte O angebracht ist (vgl. Abb. 40). Ein achromatisches Objektiv kurzer Brennweite L bildet den künstlichen Stern im Unendlichen ab, so daß er nach Spiegelung an einer Glasplatte G mit der anvisierten, entfernten Lichtquelle unmittelbar verglichen werden kann.

Helligkeitsgleichheit wird hergestellt durch Schwächung der zu photo-metrierenden Lichtquelle mit Hilfe eines Graukeiles B. Wird dessen Keilkonstante mit β bezeichnet und bedeuten y eine Ablesung auf der Skala des Keiles, δ die Absorptionskonstante der Glasplatte G, E_s die vom künstlichen Stern am Ort der Eintrittspupille des Auges erzeugte Beleuchtungs-

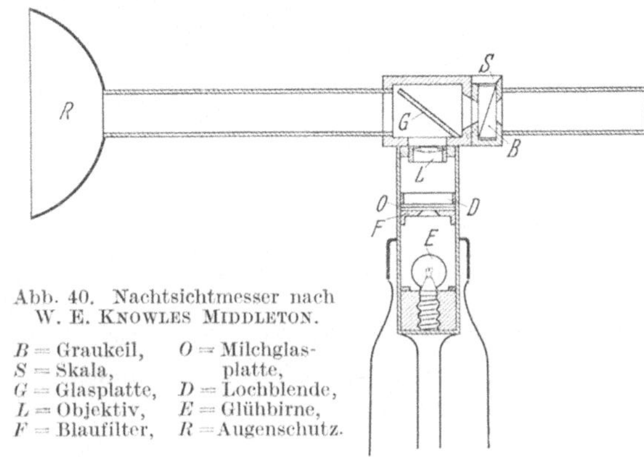

Abb. 40. Nachtsichtmesser nach W. E. Knowles Middleton.

B = Graukeil, O = Milchglas-
S = Skala, platte,
G = Glasplatte, D = Lochblende,
L = Objektiv, E = Glühbirne,
F = Blaufilter, R = Augenschutz.

stärke und I die Intensität der zu photometrierenden Lichtquelle in der Entfernung l, so berechnet sich der Schwächungskoeffizient σ aus

$$(94\,\text{a}) \qquad E_s = \frac{I}{l^2}\, e^{-\sigma l - \beta y - \delta}$$

zu

$$(94\,\text{b}) \qquad \sigma = \frac{1}{l}\left[\ln \frac{I}{l^2 E_s} - \beta y\right],$$

vorausgesetzt, daß eine Nullpunktsverschiebung der Skala des Graukeiles derart vorgenommen wird, daß $\delta = 0$ gesetzt werden kann.

g) Sichtphotometer von F. Löhle.

Dem Sichtphotometer von F. Löhle [7, 11] liegt der Konstruktionsgedanke zugrunde, ohne Zuhilfenahme einer künstlichen Vergleichslichtquelle ein für die photometrische Vermessung von Zielen im Gelände brauchbares Gerät zu entwickeln, das handlich wie ein Fernglas ist (vgl. Abb. 41). Diese Aufgabe wurde gelöst durch Heranziehung

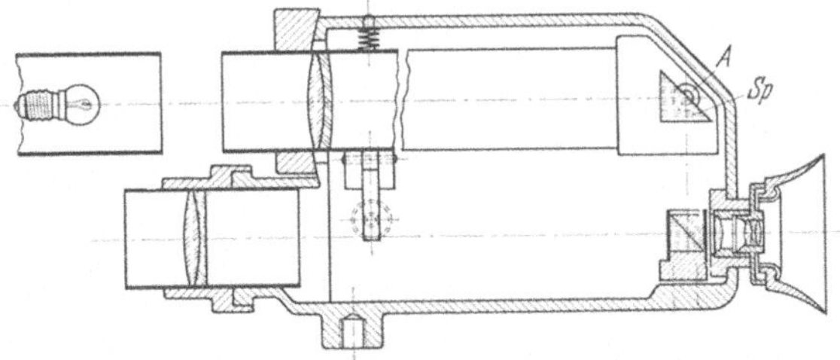

Abb. 41. Sichtphotometer.

der Horizonthelligkeis als Vergleichslicht. Zu diesem Zweck wird mit Hilfe eines Fernrohres der an das Ziel angrenzende Horizontstreifen im Umfeld eines Photometerwürfels abgebildet. In dem Strahlengang befindet sich unmittelbar hinter dem Objektiv eine Schwächungsvorrichtung in Form einer quadratischen Blende B, deren Stellung an einer Meßtrommel R abzulesen ist und ein Maß darstellt für die Helligkeit des Vergleichslichtes (vgl. Abb. 42). Da das auf den Horizont gerichtete Fernrohr in der Achse A drehbar gelagert ist, kann im Infeld des Photometerwürfels gleichzeitig das jeweilige Ziel abgebildet werden. Der Meßvorgang besteht darin, durch passende Einstellung der

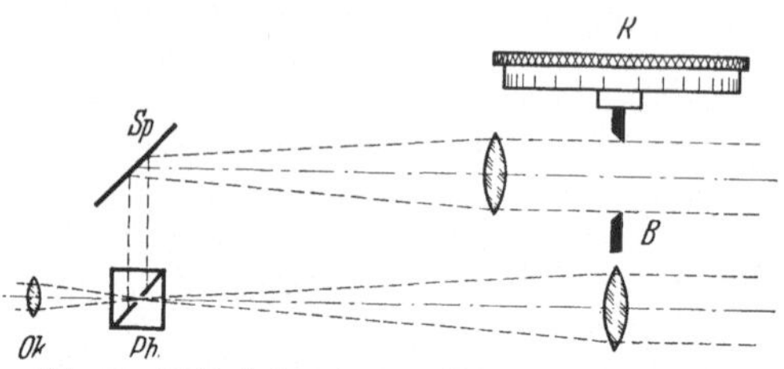

Abb. 42. Sichtphotometer von F. LÖHLE. Strahlengang.
R = Meßtrommel, B = Blende, Sp = Spiegel,
Ph = Photometerwürfel, Ok = Okular.

Blende B die Horizonthelligkeit an die Zielhelligkeit anzugleichen.

Ist b die Länge der Seite der quadratischen Öffnung, so stellt b^2 eine der Zielhelligkeit proportionale Größe dar. Die im Photometer wahrgenommene Flächenhelligkeit h_1' eines Zieles 1 stellt sich danach dar als

$$h_1' = c\, b_1^2,$$

wo c eine Apparatkonstante bedeutet. Entsprechend ergibt sich die im Instrument beobachtete Horizonthelligkeit i_g' zu

$$i_g' = c\, b_0^2.$$

Die Zielhelligkeit $h_{1,2}'$ setzt sich zusammen aus dem vom Ziel ausgehenden Lichtanteil, dem Luftlicht auf der Strecke Beobachter—Ziel und dem

Abb. 43. Sichtphotometer von F. LÖHLE. Rechts oben die Meßtrommel, links das Okular, ganz rechts die Schutzrohre für die Objektive von Zielfernrohr und Horizontfernrohr.

im Photometer störend auftretenden Streulicht S gemäß

$$(95) \qquad h_{1,2}' = h_w\, e^{-a_0 l_{1,2}} + i_g\left(1 - e^{-a_0 l_{1,2}}\right) + S,$$

wo h_w die für beide Ziele als gleich vorausgesetzte Eigenhelligkeit bezeichnet. Aus (95) folgt

$$(96) \qquad a_0 = \frac{1}{l_2 - l_1} \ln \frac{h_1' - i_g'}{h_2' - i_g'}$$

bzw.

$$(97) \qquad a_0 = \frac{1}{l_2 - l_1} \cdot 2{,}3 \cdot \log \frac{b_1^2 - b_0^2}{b_2^2 - b_0^2}.$$

Sieht man von der während einer Meßreihe als Konstante zu behandelnden Größe b_0 ab, so läßt sich bei bekannter Zielentfernung $l_{1,2}$ mit Hilfe von zwei Messungen (b_1, b_2) der mittlere Zerstreuungskoeffizient a_0 in der Horizontalen an Hand der Formel (97) herleiten. Die Entfernung $l_{1,2}$ unterliegt nur der Einschränkung, daß das Infeld des Photometerwürfels vom anvisierten Ziel ausgefüllt sein muß, was bei kleinem Infeld (Durchmesser nur wenige zehntel Millimeter) bzw. großen Zielen, wie z. B. bewaldeten Höhen, leicht zu erreichen ist.

Größte Meßgenauigkeit wird für ein bestimmtes Verhältnis $n = l_1/l_2$ der Entfernungen der beiden Ziele erreicht. Aus

$$\frac{h_2' - i_g'}{h_1' - i_g'} = e^{-a_0 (l_2 - l_1)} = e^{-a_0 l (1 - n)}$$

ergibt sich die Bestimmungsgleichung für n zu

$$\frac{\partial^2 \dfrac{h_2' - i_g'}{h_1' - i_g'}}{\partial a_0 \, \partial l} = (1 - n) \, e^{-a_0 l (1 - n)} \left[a_0 l (1 - n) - 1 \right] = 0,$$

woraus n folgt zu

$$n = 1 - \frac{1}{a_0 l}.$$

Aus $l = 100$ km und $a_0 = 0{,}03$ km^{-1} berechnet sich z. B. n zu

$$n = \tfrac{2}{3},$$

so daß $l_1 = 66{,}6$ km anzusetzen ist.

h) Lichtelektrisches Fernrohrphotometer von F. Löhle.

Das lichtelektrische Fernrohrphotometer von F. Löhle [6] besteht aus einer Verbindung von Fernrohr mit Photozelle und Elektrometer. Mit Hilfe einer Lochblende wird aus dem vom Gelände entworfenen reellen Bild die zu photometrierende Sichtmarke ausgeblendet. Die genaue Einstellung des Zielbildes auf die Mitte der Blende wird mit

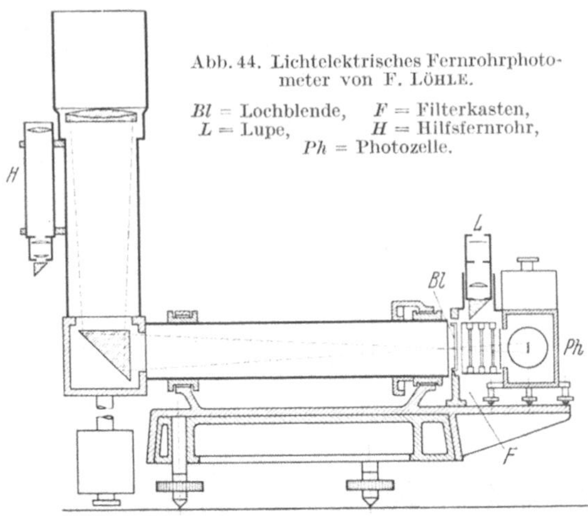

Abb. 44. Lichtelektrisches Fernrohrphotometer von F. Löhle.

Bl = Lochblende, F = Filterkasten,
L = Lupe, H = Hilfsfernrohr,
Ph = Photozelle.

Hilfe einer Lupe bewerkstelligt, die von oben her in den Strahlengang eingeschoben werden kann (vgl. Abb. 44). Das störende, von Abbildungsfehlern und von der Beugung herrührende Licht wird durch Einstellung des Fernrohres auf ein in der Nähe des Instrumentes aufgestelltes Hilfsziel gleicher Albedo und gleichen Sehwinkels im gleichen Azimut wie das Ziel berücksichtigt.

Bedeuten h_1' die in der Brennebene des Fernrohres gemessene scheinbare Flächenhelligkeit eines Zieles in der Entfernung l_1, h_2' diejenige des Hilfszieles in der Entfernung l_2, i_g' die auf die Bildebene bezogene Horizonthelligkeit, H bzw. i_g die entsprechenden Eigenhelligkeiten und S das im Fernrohr auftretende störende Streulicht, so berechnet sich aus

$$(98) \qquad h_1' = H\,e^{-a_0 l_1} + i_g(1 - e^{-a_0 l_1}) + S,$$
$$h_2' = H\,e^{-a_0 l_2} + i_g(1 - e^{-a_0 l_2}) + S,$$
$$i_g' = i_g + S$$

der mittlere Zerstreuungskoeffizient a_0 in der Horizontalen zu

$$(99) \qquad a_0 = \frac{1}{l_2 - l_1}\ln\frac{h_1' - i_g'}{h_2' - i_g'}.$$

Durch Einschalten von farbigen Filtern in den Strahlengang kann auch der mittlere Zerstreuungskoeffieient a_λ für bestimmte spektrale Bereiche gemessen werden.

i) Objektiver Sichtmesser von L. Bergmann.

Der objektive Sichtmesser von L. Bergmann setzt sich aus einer Selenphotozelle mit Verstärkeranordnung und künstlicher Lichtquelle zusammen. Das von der letzteren ausgehende Licht wird durch die Löcher einer rotierenden Lochscheibe RS intermittierend gemacht (vgl. Abb. 45). Die Photozelle Ph_1 ist über einen Transformator an den Verstärker und damit an das Galvanometer G angeschlossen. Das Instrument mißt also nur die Intensität des auf die Zelle fallenden intermittierenden Lichtes unabhängig von der jeweiligen Allgemeinbeleuchtung.

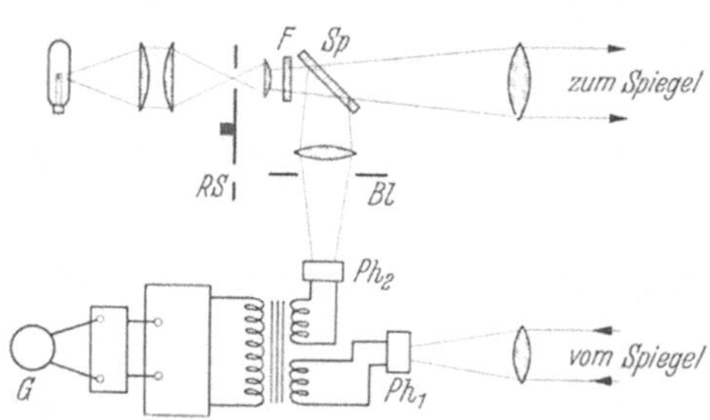

Abb. 45. Objektiver Sichtmesser von L. Bergmann. RS = Rotierender Sektor, Bl = Blende, $Ph_{1,2}$ = Photozellen, F = Filter, G = Galvanometer, Sp = Spiegel (halbdurchlässig).

Der besondere Vorteil des objektiven Sichtmessers besteht in seiner Verwendungsmöglichkeit bei Tag und Nacht.

Um bei der Messung Schwankungen der Lichtquelle unwirksam zu machen, ist die Meßanordnung als Nullmethode ausgebildet. Durch eine halbdurchlässig versilberte Glasplatte Sp wird ein Teil des Lichtes mit Hilfe eines Objektives mit Irisblende Bl auf eine Photozelle Ph_2 abgebildet. Diese Zelle ist im Gegensinn zur Zelle Ph_1 über den Transformator an den Verstärker angeschlossen. Hierdurch wird erreicht, daß bei passender Stellung der Irisblende Bl der Ausschlag des Galvanometers auf Null zurückgeht. Die Stellung der Irisblende gibt ein Maß für die Durchlässigkeit der Luft auf der Meßstrecke ab.

Schlußwort.

Es ist ein und dasselbe Landschaftsbild, welches der Maler auf der Leinwand festhält, das dem Jäger als Revier vertraut ist, dem Landmesser als Arbeitsfeld dient, das der Bergsteiger vom erklommenen Gipfel als Fernsicht (Panorama) genießt, der Flieger aus der Vogelschau zum Ausgangspunkt seiner Navigationsaufgaben macht und das dem Seefahrer bei Annäherung an Land die Orientierung mehr oder weniger je nach seiner Gestaltung erleichtern kann; trotzdem sieht es jeder anders, gleichsam mit seinen Augen. Der Blick des Malers ist auf das Ganze gerichtet; das Auge des Jägers nimmt Einzelheiten, das jagdbare Wild, aufs Korn; der Landmesser achtet vor allem auf die Lagen- und Längenbeziehungen im Landschaftsbild; der Bergsteiger sieht über diese Zusammenhänge mit dem praktischen Leben hinweg, um die ästhetischen Werte einer Gegend mehr in den Vordergrund treten zu lassen; für den Flieger und Seefahrer sinkt das Landschafts- und Himmelsbild nicht selten zu einem bloßen Mittel zur Erreichung und Erfüllung navigatorischer Aufgaben herab.

Aus dem allem geht hervor, daß der Sehvorgang mit Herz und Gemüt, mit der Seele und den darin ausgelösten Regungen und Zielstrebungen eng verbunden ist. Nicht nur Licht und Farben im Sinne von physikalischen Reizen auf das Instrument: Auge formen die Bausteine der Außenwelt zu einem Bild, sondern auch die jeweiligen Erlebnisinhalte. Die Wechselbeziehung zwischen den physikalischen Reizvorgängen, den entsprechenden Bewußtseinsinhalten und den Gemütsregungen, welche von diesen ausgelöst werden, verlangt eine Berücksichtigung auch von physiologischen und psychologischen Fragestellungen.

In der vorliegenden Monographie wird diese Art zusammenfassende Behandlung bewußt übergangen. Die Ausrichtung einer Darstellung auf das experimentell und rechnerisch Nachweisbare oder das Streben nach der Zurückführung aller Vorgänge auf Maß und Zahl kann zwar einer Abhandlung den Stempel wissenschaftlicher Exaktheit aufdrücken, schließt aber andererseits auch die Gefahr einseitiger Bearbeitung eines Problems in sich. Die damit verbundene Einschränkung der Fragestellungen tritt z. B. schon zutage bei der Untersuchung des Arbeitsverfahrens, dessen sich die Bergbewohner zu Vorhersagen von Witterungsumschlägen mit Hilfe von bloßen Augenbeobachtungen bedienen. Mit der Beschreibung der Sichtverhältnisse durch eine Zahlenangabe, die Horizontalsichtweite, werden gerade jene Merkmale nicht erfaßt, welche für einen Wettersturz typisch sind und daher prognostische Bedeutung haben. Eine jahrelange Beschäftigung mit den Farben, Lichtern und Schatten im Landschafts- und Wolkenbild befähigt die Bergbewohner zu Voraussagen, welche den Wettbewerb mit den auf Grund von Wetterkarten gemachten Prognosen aufnehmen können.

Um den Vorsprung einzuholen, welche die im Gebirge bodenständigen Menschen gegenüber den Stadtbewohnern durch die Übung und die Vertrautheit mit den wechselnden Sichtverhältnissen erreichen, muß man schon zu einer Überbietung der günstigen Beobachtungsbedingungen im Gebirge durch Höhenaufstiege mit dem Flugzeug greifen, wie das oben S. 61 ff. gezeigt wurde.

Eine wichtige und praktisch wertvolle Teilaufgabe von Sichtbeobachtungen ist es, Licht zu werfen in die verborgenen Wege, welche vom gegebenen Landschaftsbild auf Grund bloßer Augenbeobachtungen zu Aussagen über die künftige Witterungsgestaltung führen. Mit den Mitteln des Laboratoriums und Studierzimmers allein läßt sich dieser Problemstellung nicht zu Leibe rücken. Man muß dazu schon unter die Bergbewohner gehen und Sichtbeobachtungen nur um der Entdeckerfreude willen treiben; dazu gehört noch mehr Geduld als zu Wolkenstudien und vor allem ein schärferes Auge.

Wo immer Sichtbeobachtungen mit dieser Zielsetzung angestellt wurden, waren neue Erkenntnisse der Lohn für die Hingabe an die Sache. Daß die einzelnen Beobachter sich in der Anlage und Durchführung der Beobachtungen verschiedener Hilfsmittel bedient haben, erschwert den Vergleich der Ergebnisse. Zur Vereinheitlichung der Beobachtungsverfahren ist die Zeit nunmehr reif, nachdem systematische Forschungsarbeit den Grund gelegt hat zu einer durchgreifenden Ausrichtung auch der Hilfsmittel auf das zu erstrebende Endziel. Die nach dem Weltkrieg erzielten Fortschritte auf dem Gebiet des Verkehrswesens insbesondere hinsichtlich der Steigerung der Geschwindigkeiten haben auch den unmittelbaren wirtschaftlichen Nutzen von Sichtbeobachtungen an den Tag gebracht. So kommt es, daß in den letzten Jahren die theoretischen und experimentellen Grundlagen gelegt wurden zu einer Bearbeitung von Sichtaufgaben, welche sich mehr und mehr instrumenteller Hilfsmittel bedient. Diese Untersuchungen sind zu einem gewissen Abschluß gekommen, ein Umstand, welcher den Anstoß zur Herausgabe der vorliegenden Monographie gerade zu diesem Zeitpunkt gab.

Literaturverzeichnis.

ABERCROMBY, R.: Z. öst. Ges. Meteorol. **15**, 29 (1880). — ABNEY, W. DE W., u. W. WATSON: Phil. Trans. roy. Soc. Lond. A **216**, 91 (1915). — AITKEN, J.: Trans. roy. Soc. Edinburgh **35**, 1 (1889); **37**, 17, 621 (1893). — ALBRECHT, F.: Meteor. Z. **50**, 478 (1933). — ALDRICH, L. B.: Smithson. miscell. Coll. **69**, Nr 10 (1919). — ALI, BARKAT: Ind. Met. Dep. Prof. Not. **2**, Nr 14, 32. — ALLEN, C. W.: Gerlands Beitr. Geophys. **46**, 32 (1935). — ALLIX, A.: C. R. Acad. Sci., Paris **195.** 1301 (1932). — ANDERSON, S. H.: Aviation, N. Y. **28**, 930 (1930). — ANGERER, E. v.: Z. angew. Photogr. **1**, 73 (1939) Wissenschaftliche Photographie in Theorie und Praxis. 2. Aufl. Leipzig 1939. — ÅNGSTRÖM, A.: [1] Month. Weath. Rev. **47**, 797 (1919); [2] Ark. Mat. Astron. Fys. **19** (A), Nr 20 (1925); [3] Procès-Verbaux Sect. Mét. Union Géodes et Géophys. int. 2. ass. gén. Madrid Okt. 1924, Rome 1925; [4] Geografiska Ann. **1930**, Heft 1, 88; [5] Gerlands Beitr. Geophys. **34**, 123 (1931). — ARENHOLD, R.: Erf.ber. Flugwetterd. **7**, Nr 8 (1932). — ARNDT, W.: [1] Elektrotechn. Z. **56**, 1088 (1935); [2] Licht **7**, 101 (1937). — ARNULF, A.: J. Phys. Radium (7) **8**, Nr 5, 58 (1937).

BARBER, D. R.: Phil. Mag. **14**, 404 (1932). — BARNES, R. B., u. M. CZERNY: Z. Phys. **79**, 436 (1932). — BARTELS, J.: Z. Forst- u. Jagdwes. **62**, 537 (1930). — BAUMBACH, S.: Astron. Nachr. **257**, Nr 6150, 81 (1935). — BEAUCROFT, W. D., u. CH. GURCHOT: J. phys. Chem. **36**, 2575 (1932). — BEAULIEU, R.: Météorol. Paris **11**, 465 (1935). — BĚHOUNEK, F.: Terr. Magn. Atm. Electr. **44**, 21 (1939). — BENDER, K.: Untersuchungen am WIGANDschen Sichtmesser. Dissert. Gießen 1931. — BENFORD, F.: Gen. Elektr. Rev. **29**, 873 (1926). — BENKENDORFF, R.: Z. Flugtechn. **21**, 623 (1930). — BENNETT, M. G.: [1] Proc. phys. Soc., Lond. **40**, 316 (1928); [2] Quat. J. roy. meteorol. Soc. **56**, 1 (1930); [3] Assoc. franç. Avanc. Sc. **1929**, 345; [4] J. sci. Instrum. **8**, 122 (1931); [5] Quat. J. roy. Met. Soc. **58**, 259 (1932); [6] ebenda **57**, 71 (1931); [7] ebenda **60**, 3 (1934); [8] ebenda **61**, 179 (1935); [9] **56**, 15 (1930). — BERG, H.: Erf.ber. Flugwetterd. **7**, Nr 12, 107 (1932); [2] Wiss. Abh. Reichsamt Wetterdienst **3**, Nr 8 (1937); [3] Beitr. Phys. fr. Atm. **21**, 75 (1934); [4] Wiss. Abh. Reichsamt Wetterdienst **5**, Nr 5 (1938); [5] Erf.ber. Flugwetterd., Neudr. **2**, 645 (1937). — BERGERON, T.: [1] Geofys. Publ., Oslo **5**, Nr 6 (1928); [2] Beobacht. Anltg. Nr 2 Stat. Met. Hydr.-Anstalt Stockholm 1919; [3] Z. angew. Meteorol. **53**, 381 (1936). — BERGMANN, L.: Phys. Z. **35**, 177 (1934). — BESSON, L.: [1] C. R. Acad. Sci., Paris **186**, 882 (1928); [2] Ann. serv. techn. d'hyg. de la ville de Paris **4**, Météorologie 1925. — BIELICH, F.: Z. angew. Meteorol. **51**, 94 (1934). — BIELICH, F.-H.: Veröff. Geophys. Inst. Leipzig **6**, 71 (1933). — BIGG, W. H.: Meteorol. Mag. **65**, 264 (1930). — BILLWILLER, R.: Meteor. Z. **20**, 241 (1903). — BJERKNES, J.: Geofys. Publ. **1**, Nr 2 (Kristiania 1919). — BLACKTIN, S. C.: „Dust". London: Chapman a. Hall 1934. — BLOCH, L.: Techn.-wiss. Abh. Osram-Konz. **3**, 35 (1934). — BLONDEL, A., u. J. REY: J. Phys. Radium **1**, 530 (1911). — BOCK, A.: [1] Phys. Z. **4**, 339 (1903); [2] Wied. Ann. **68**, 679 (1899). — BOLJAHN, G.: Ann. Hydrogr., Berlin **62**, 429 (1934). — BORN, F., W. DZIOBEK u. M. WOLFF: Z. techn. Phys. **14**, 289 (1933). — BOUMA, P. J.: Polyt. Weekbl. **29**, 177 (1935). — BOYLAU, R. K.: Proc. roy. Irish. Acad. (A) **37**, 58 (1926). — BRECKENRIDGE, F. C., u. J. E. NOLAN: Bur. Stand. J. Res., Wash. **3**, 11 (1929). — BRODHUHN, E.: Photometrie, Handb. Physik. GEIGER H., u. K. SCHEEL **19**, 468—538. Berlin 1928. — BRUNNER, W.: Publ. Eidg. Sternwarte Zürich **6** (1935). — BUISSON, H., C. JAUSSERAU u. P. ROUARD: [1] C. R..Acad. Sci., Paris **190**, 808 (1930); [2] ebenda **194**, 1477 (1932); [3] Rev. Opt. **12**, 70 (1933). — BURCKHARDT, H.: Beitr. Phys. fr. Atm. **24**, 190 (1937). — BUSSE, W.: Ann. Phys., Lpz. **76**, 493 (1925). — BYRAM, G. M.: [1] J. opt. Soc. Amer. **25**, 388, 393 (1935); [2] Month. Weath. Rev. **64**, 259 (1936).

CABANNES, J.: [1] La diffusion moléculaire de la lumière. Paris 1929. (Conférences-rapports de documentation sur la physique.); [2] C. R. Acad. Sci., Paris **168**, 340 (1919); [3] Ann. Phys., Paris **15**, 5 (1921). — CABANNES, J., u. J. DUFAY: J. de Phys. **7**, 245 (1926). — CHAPMAN, A. K., H. E. IVES, A. H. NIETZ u. C. E. K. MEES: Aerial Haze and its effect on photography from the air. Res. Lab. Eastman Kod. Co. Nr 4, Rochester N. Y. 1923. — CHALMERS, S. D.: Opt. Soc. Trans. **20**, 297 (1919). — CHAMPION, D. L.: Meteorol. Mag. **71**, 264 (1936). — CHANNON, H. J., F. F. RENWICK u. B. V. STORV: Proc. roy. Soc., Lond. A **94**, 222 (1918); **100**, 102 (1922). — COBB, P. W.: Psychologic. Rev. **26**, 428 (1919). — COLLIER, L. J., u. W. G. A. TAYLOR: J. sci. Instrum. **15**, 5 (1938). — CONNER, J. P., u. R. E. GANONNY: J. opt. Soc. Amer. **25**, 287 (1935). — CONRAD, V.: Denkschr. Akad. Wiss. Wien **73**, 130 (1902). — COSTE, J. H.: Trans. Faraday Soc. **32**, 1162 (1936). — CRITTENDEN, E. C.: J. Wash. Acad. Sci. **13**, 69 (1923). — CROSSLEY, A. F., u. C. WILDE: Meteorol. Mag. **71**, 157 (1936). — CZAPSKI, S. u. O.: EPPENSTEIN: Grundzüge der Theorie der optischen Instrumente nach Abbe. Leipzig 1924.

DANJON, A.: Rev. Opt. **7**, 205 (1928). — DANNMEYER, F.: Untersuchungen über Sichtweite und Helligkeit der Schiffspositionslaterne. Deutsche Seewarte, Hamburg 1894; Naut. Rdsch. **4**, 479, 839 (1923). — DEBYE, P.: Ann. Phys., Lpz. **30**, 57 (1909). — DEFANT, A.: Ann. Hydrogr., Berlin **47**, 93 (1919). — DÉJARDIN, G., u. S. LIANDRAT: J. Phys. Radium **3**, 188 (1932). — DEMBER, H., u. M. UIBE: Sitzgsber. K. Sächs. Ges. Wiss. Leipzig, Math.-Phys. Kl. **69**, 391 (1917). — DIETZIUS, R.: Beitr. Phys. fr. Atm. **10**, 202 (1922). — DINES, L. H. G., u. P. I. MULHOLLAND: Met. Off. Lond., Prof. Not. **3**, Nr 36, 152 (1924). — DINES, W. H.: Geophys. Mem. **2**, 45 (1919). — DINIES, E.: Wiss. Abh. Reichsamt Wetterdienst **3**, Nr 3 (1937). — DINKELACKER, O.: Erf.ber. Flugwetterd. **6**, 41, Nr 9 (1931), Neudr. **1**, 245 (1937). — DÖRFFLER, K., H. LETTAU u. M. RÖTSCHKE: Meteor. Z. **54**, 16 (1937). — DORNO, C.: Veröff. Preuß. Meteorol. Inst., Abh. 6 (1919). — DREYLING, H.: Wiss. Abh. Reichsamt Wetterdienst **2**, Nr 5 (1936). — DRINKER, PH., u. TH. HATCH: Industrial Dust, Mc. Graw-Hill Book Co., Inc. (1936). — DUCLAUX, J., u. R. GINDRE: [1] Bull. Obs., Lyon **11**, 5, 69, 183 (1929); [2] ebenda **12**, 255 (1930). — DUCLAUX, J.: [1] Bull. Obs., Lyon **13**, 239 (1931); [2] C. R. Acad. Sci., Paris **196**, 1524 (1933); [3] J. Phys. Radium **6**, 19, 323, 401 (1935). [4] ebenda (8) **1**, 41, Nr 2 (1940). — DURST, C. S.: [1] Quat. J. roy. meteorol. Soc. **59**, 125 (1933); [2] ebenda **61**, 81 (1935). — DUSCHEK, A.: Sitzgsber. Akad. Wiss. Wien, Abt. IIa **131**, 171 (1922).

EGERSDÖRFER, L.: Erf.ber. Flugwetterd. **5**, Nr 20; Neudr. **1**, 160 (1937). — EICKER, E.: Z. angew. Meteorol. **49**, 1, 33, 65 (1932). — ELVEY, C. R.: Month. Weath. Rev. **62**, 201 (1934). — ENTWISTLE, F.: Met. Off. Lond., Prof. Not. **3**, Nr 33, 106 (1923). — ERGGELET, H., M. v. ROHR u. E. SCHRÖDINGER: Das Auge und die Gesichtsempfindungen. Müller-Pouillets Lehrbuch der Physik. 11. Aufl. II, S. 391—560. 1926.

FABRIKANT, W. A., W. L. GINSBURG u. W. L. PULVER: Z. Phys. **81**, 795 (1933). — FABRY, CH.: [1] Introduction général à la photométrie. Encyclopédie photométrique, Première section **1** (1927); [2] La Météorologie **1928**, 385; [3] Proc. phys. Soc., Lond. **48**, 747 (1936). — FABRY, CH., J. DUFAY u. J. COJAN: Étude de la lumière du fond du ciel nocturne. Ed. Rev. d'Opt. Paris 1934. — FARQUHARSON, J. S.: Met. Off. Lond., Prof. Not. **8**, Nr 70, 9 (1936). — FECHNER, G. TH.: [1] Abh. K. Sächs. Ges. Wiss. Leipzig **4**, 457 (1859); [2] Ber.

Berh. Sächs. Wiss. Leipzig, Math.-phys. Kl. **16**, 1 (1864). — FESSENKOFF, V.. u. E. PIASKOWSKAJA: C. R. Acad. Sci. URSS. **4**, 131 (1934). — FICKER, H. v.: [1] Sitzgsber. Akad. Wiss. Wien, Abt. IIa **129**, 763 (1920); [2] Meteor. Z. **23**, 31 (1906). — FINDEISEN, W.: Beitr. Phys. fr. Atm. **25**, 220 (1939). — FLETCHER, H.: Phys. Z. **12**, 202 (1911). — FLOWER, W. D.: Meteorol. Mag. **71**, 93 (1936). — FLÜGGE, J.: Z. Instrumentenkde. **55**, 367, 465, 467 (1935). — FOITZIK, L.: [1] Meteor. Z. **49**, 134 (1932); [2] ebenda **50**, 473 (1933); [3] ebenda **52**, 458 (1935); [4] Naturwiss. **22**, 384 (1934); [5] Wiss. Abh. Reichsamt Wetterdienst **4**, Nr 5 (1938). — FONTSERÉ, E.: Mem. roy. Acad. Cienc. y Artes de Barcelona, 4. Folge **16**, Nr 8 (1921). — FORSTMANN, W.: Z. wiss. Photogr. **37**, 9 (1938). — FOWLE, F. E.: Smithson. miscell. Coll. **69**, Nr 3 (1918). — FRANKENBERGER, E.: Phys. Z. **31**, 835 (1930). — FREEMAN, E.: J. opt. Soc. Amer. **22**, 285, 402 (1932). — FRIEDRICHS, H.: Z. angew. Meteorol. **47**, 257 (1930).

GALBAS, P. A.: Meteor. Z. **38**, 277 (1921). — GAUNT, J. A.: [1] Proc. roy. Soc., Lond. A **126**, 654 (1930); [2] Phil. Mag. **4**, 1291 (1927). — GEHLHOFF, G., u. H. SCHERING: Z. techn. Phys. **1**, 247 (1920). — GEHRCKE, E.: Forsch. u. Fortschr. **10**, 313 (1934). — GEIGER, R.: Z. angew. Meteorol. **49**, 359 (1932). — GEORGII, W.: [1] Ann. Hydrogr., Berlin **48**, 207, 241 (1920); [2] Meteor. Z. **37**, 159 (1920). — GIBBS, W. E.: Clouds and smokes. London 1924. — GLAWION, H.: [1] Beitr. Phys. fr. Atm. **25**, 1 (1938); [2] Forsch. u. Fortschr. **15**, 35 (1939). — GOCKEL, A.: Meteor. Z. **38**, 78 (1921). — GÖTZ, F. W. P.: [1] Meteor. Z. **51**, 190, 472 (1934); [2] Helv. phys. Acta **5**, 336 (1932); [3] Jber. Naturf. Ges. Graubündens **64**, 277 (1925); [4] Astron. Nachr. **63**, 255 (1935). — GODLIE, A. H. R.: Meteorol. Mag. **66**, 85 (1931). — GOLD, E.: [1] Meteorol. Mag. **65**, 11 (1930); [2] Met. Off. Lond., Geophys. Mem. Nr 16, Mo 220f (1920). — GOLDBERG, E.: Der Aufbau des photographischen Bildes. Halle a. d. S.: W. Knapp 1922. (Enzykl. d. Photogr. **99**.) — GORDON, S.: Meteorol. Mag. **72**, 186 (1937). — GORDOV, A.: [1] Gerlands Beitr. Geophys. **48**, 131 (1936); [2] ebenda **49**, 373 (1937). — GRAFF, K.: [1] Sitzgsber. Akad. Wiss. Wien, Abt. IIa **141**, 103 (1932); [2] Mitt. Wiener Sternwarte Nr 2. **69**, 84 (1932). — GRANATH, L. P., u. E. O. HULBURT: Phys. Rev. **34**, 140 (1929). — GREEN, H. N.: Engineer, Lond. **20**, 101, 133 (1927). — GREGG, W. R.: Aeronautical Meteorology. New York: The Ronald Press Co. 1926. — GRESKY, G.: Phys. Z. **32**, 193, 212 (1931). — GRIEGER, H.: Gerlands Beitr. Geophys. **51**, Nr 4, 325 (1937). — GROOSMULLER, J. TH.: [1] Astron. Nachr. **252**, Nr 6031, 119 (1934); [2] ebenda **269**, 41, (1939). — GRUNDMANN, W., u. O. MOESE: Ann. Hydrogr., Berlin **59**, 253 (1931). — GRUNER, P.: [1] Beitr. Phys. fr. Atm. **8**, 120 (1919); [2] Helv. phys. Acta **5**, 31, 145, 351 (1932). — GRUNOW, J.: Veröff. Preuß. Meteorol. Inst. Nr 382 (Berlin 1931). — GUILBERT, G.: C. R. Acad. Sci., Paris **183**, 427 (1926). — GUTH, V., u. F. LINK: Publikace pražské Hvězdárny Č 15. Praha 1940. — GUREWITSCH, I. D., u. G. P. LUTSCHENSKY: Kolloid-Z. **60**, 24 (1932).

HAASE, M.: [1] Z. wiss. Photogr. **35**, 236 (1936); [2] Z. techn. Phys. **18**, 69 (1937); [3] Zeiß-Nachr., 2. Folge, Heft 2, 55 (1936). — HAECKER, G.: Meteor. Z. **22**, 343 (1905). — HAMBERG, H. E.: Ofvers. af K. Vet. Akad., Förh. **1878**, Nr 3. — HANKOW, G.: Erf.ber. Flugwetterd. **7**, Nr 10, 65 (1932). — HARRISON, D. N.: Meteorol. Mag. **74**, 82 (1939). — HARTMANN, W.: [1] Veröff. Bad. Landeswetterw., Abh. Nr 2 (1922); [2] Gerlands Beitr. Geophys. **18**, 30 (1927); [3] Meteor. Z. **49**, 459 (1932). — HASSENSTEIN, W., Visuelle Photometrie. Handb. d. Astrophysik, herausgeg. v. G. EBERHARD, A. KOHLSCHÜTTER, H. LUDENDORFF, Bd. **II**, 2. H., 2. T. (Berlin 1931); Erg.-Bd. **VII** (Berlin 1936). — HAUD, I. F.: Month. Weath. Rev. **61**, 169 (1933). — HAUDE, W., O. MOESE u. G. REYMANN, Wiss. Abh. Reichsamt Wetterdienst **3**, Nr 1 (Berlin 1937). — HAURWITZ, B., u. H. WEXLER: Meteor. Z. **51**, 236 (1934). — HAURWITZ, B.: Ann. Hydrogr., Berlin **59**, 22 (1931). — HAZARD, W. G.: J. Franklin Inst. **217**, 571 (1934). — HEBNER, E.: [1] Erf.ber. Flugwetterd., 1. Sdbd., 49, Neudr. **3**, 50 (1937); [2] ebenda 3. Sdbd., 125, Neudr. **3**, 455 (1937). — HECHT, S., u. E. U. MINTZ: J. opt. Soc. Amer. **28**, 177 (1938). — HEIM, A.: Luft-Farben. Zürich: Hofer 1912. — HELLMANN, G.: Sitzgsber. Preuß. Akad. Wiss. **25** (1921). — HELLMANN, G., u. W. MEINARDUS: Abh. K. Preuß. Meteorol. Inst. **2**, 1 (Berlin 1908). — HELMHOLTZ, H. v.: Handb. d. physiol. Optik **2**, 3. Aufl. 1911. — HINSDORF, W.: Z. angew. Meteorol. **44**, 235 (1927). — HOELPER, O.: Meteor. Z. **50**, 475 (1933). — HOFFMEISTER, C.: [1] Sitzgsber. Akad. Wiss. München **1934**, 129; [2] Astron. Nachr. **270**, 153, (1940). — HOLLADAY, L. L.: J. opt. Soc. Amer. **14**, 1 (1927); **12**, 271 (1926). — HOLST, G., u. P. J. BOUMA: Physica, Haag **3**, 1159 (1936). — HOPPE, J., u. H. SIEDENTOPF: Astron. Nachr. **264**, Nr 6325, **264**, 217 (1937). — HOUGHTON, H. G.: Phys. Rev. **38**, 152 (1931). — HULBURT, E. O.: [1] J. opt. Soc. Amer. **24**, 35 (1934); [2] ebenda **26**, 216 (1936); **27**, 377 (1937); [3] ebenda **28**, 227 (1938). — HUMPHREYS, W. J.: J. Franklin Inst. **188**, 607 (1919). — HURST, G. W.: Meteorol. Mag. **71**, 94 (1936).

IVES, H. E.: Astrophys. J. **44**, 124 (1916). — JAENSCH, E.: Z. Psychol. **106**, 222 (1928). — JAGGI, M.: Helv. phys. Acta **12**, 77 (1939). — JEANS, J. H.: The dynamical theory of Gases. Cambridge: Univ. Press 1904. — JENTZSCH, F., u. H. FUNK: Physik i. regelm. Ber. **3**, 13 (1935). — JENTZSCH-GRAEFE, F.: [1] Naturwiss. **6**, 546 (1918); [2] Sitzgsber. Ges. Naturwiss. Marburg **1917**, Nr 3, 23. — JEURICH, G.: Dissert. Halle 1914. — JOHNSON, N. K.: Meteorol. Mag. **55**, 249 (1920). — JOHNSON, E. A., R. C. MEYER, R. E. HOPKINS a. W. H. MOCK: J. opt. Soc. Amer. **29**, 512 (1939). — JONES, L. A.: [1] J. opt. Soc. Amer. **1**, 63 (1917); [2] Phil. Mag. **39**, 96 (1920); [3] J. Franklin Inst. **188**, 363, 507 (1919). — JUNGE, CHR.: Meteor. Z. **53**, 186 (1936); **54**, 304 (1937).

KÄHLER, K., u. Kw. ZEGULA: Ann. Hydrogr., Berlin **65**, 111 (1937). — KÄHLER, K.: [1] Veröff. Preuß. Meteorol. Inst. Nr 244, 137 (1912); [2] Naturwiss. **23**, 253 (1935). — KALLE, K.: Ann. Hydrogr., Berlin **66**, 1 (1938). — KEIL, K.: [1] Z. angew. Meteorol. **50**, 388 (1933); [2] Beitr. Phys. fr. Atm. (Hergesell-Festbd.) **15**, 87 (1929); [3] Erf.ber. Flugwetterd. **1**, Nr 24 (1928). — KENDREW, W. G.: Meteorol. Mag. **72**, 264 (1937). — KING, L. V.: [1] Phil. Trans. roy. Soc. Lond. A **212**, 375 (1913); [2] Proc. roy. Soc., Lond. A **88**, 83 (1913). — KLUGHARDT, A.: Z. Psychol. **67**, 69 (1938). — KNEPPLE, R.: Gerlands Beitr. Geophys. **43**, 247 (1934). — KNEUSEL, ST.: Meteor. Z. **52**, 64 (1935). — KNOCHE, W.: Meteor. Z. **32**, 427 (1915). — KOBAYASI, A., u. D. NUKIYAMA: Proc. phys.-math. Soc. Japan **14**, 168 (1932). — KÖHLER, H.: Medd. St. Meteorol.-Hydr. Anstalt **3**, Nr 8 (1926). — KÖNIG, A., vgl. C. SCHRÖDINGER: Müller-Pouillets Lehrb. d. Physik, 11. Aufl., **2**, 1. Hälfte. Braunschweig 1926. — KÖNIG, W.: Meteorol. Z. **45**, 269 (1928). — KÖPPEN, W.: Meteor. Z. **35**, 57 (1918). — KOSCHMIEDER, H.: [1] Beitr. Phys. fr. Atm. **12**, 33, 171 (1924); [2] Forsch.-Arb. Staatl. Observ. Danzig Nr 2 (1930); [3] Month. Weath. Rev. **58**, 439 (1930); [4] Naturwiss. **27**, 113 (1939); [5] ebenda **26**, 521 (1938). — KRATZER, A.: Das Stadtklima. Die Wissenschaft **90**. Vieweg & Sohn 1937. — KREVELD, A. VAN, u. J. A. M. VAN LIEMPT: Physica, Haag **5**, 345 (1938). — KRÜGLER, FR.: Erf.ber. Flugwetterd. **6**, Nr 1, 1 (1930); Neudr. **1**, 204 (1937). — KRUYSWIJK, M., u. C. ZWIKKER: Physica, Haag **1**, 225 (1934). — KUBELKA, P., u. F. MUNK: Z. techn. Phys. **12**, 593 (1931). — KUBETSKY, L. A.: Proc. Inst. Radio Engrs., N. Y. **25**, 421 (1937). — KÜHNERT, W.: [1] Gerlands Beitr. Geophys. **48**, 325 (1936); [2] Beitr. Phys. fr. Atm. **18**, 219 (1932). — KÜHL, A.: [1] Phys. Z. **37**, 912 (1936); [2] Z. Instrumentenkde **60**, 293 (1940); [3] Z. ophthalm. Optik **28**, 33 (1940). — KÜLB, W.: Ann. Phys., Lpz. **11**, 679 (1931). — KÜNNER, J.: Meteor. Z. **56**, 249 (1939).

LAMB, H. H.: [1] Meteorol. Mag. **73**, 293 (1938); [2] Quat. J. roy. meteorol. Soc. **64**, 639 (1938). — LANGÈR, R. M.: J. opt. Soc. Amer. **12**, 359 (1926). — LANGMUIR, I., u. W. F. WESTENDORP: Physics **1**, 273 (1931). — LANDSBERG, H.:

Month. Weath. Rev. **62**, 442 (1934). — LANDSBERG, H., u. H. JOBBINS: Gerlands Beitr. Geophys. **52**, 270 (1938). — LAPICQUE, CH.: Rev. Opt. **17**, 297 (1938). — LAWRENCE, T. E.: Die Sieben Säulen der Weisheit, deutsch von D. v. MIKUSCH. Leipzig 1936. — LEIBER, F.: Zentr.-Ztg. Opt. Mech. **1930**, Nr 9. — LEISTNER, W.: Ann. Hydrogr., Berlin **67**, 488 (1939). — LEHMANN, O.: Vjschr. Naturforsch. Ges. Zürich **82**, 45 (1937). — LEHMANN, H., F. LÖWE u. K. A. TRAENKLE: Arch. f. Hyg. **112**, 141 (1934). — LETTAU, H.: [1] Z. angew. Meteorol. **48**, 263 (1931); **46**, 336 (1929); [2] Gerlands Beitr. Geophys. **31**, 387 (1931). — LIEMPT, J. A. M. v.: Z. wiss. Photogr. **33**, 287 (1935). — LINK, F., u. M. HUGON: Rev. Opt. **9**, 156 (1930). — LINK, F., u. Z. SEKERA: Dioptrische Tafeln der Erdatmosphäre. Publikace Pražské Hvězdárny, Č 14, Praha 1940. — LINKE, F.: Meteorol. Taschenbuch, 2. Ausg. Leipzig 1933. — LÖBNER, A.: Veröff. Geophys. Inst. Leipzig **7**, 53 (1935). — LÖHLE, F.: [1] Z. Phys. **48**, 80 (1928); [2] ebenda **54**, 137 (1929); [3] ebenda **56**, 383 (1929); [4] ebenda **57**, 770 (1929); [5] Z. Psychol., Abt. II, **60**, 233 (1929); [6] Z. techn. Phys. **10**, 428 (1929); [7] ebenda **16**, 73 (1935); [8] Z. Instrumentenkde. **49**, 595 (1929); [9] Z. angew. Meteorol. **53**, 71 (1936); [10] ebenda **57**, 37 (1940); [11] Beitr. Phys. fr. Atm. **23**, 129 (1936); [12] Phys. Z. **37**, 22 (1936); [13] Meteorol. Z. **46**, 49 (1929); [14] ebenda **52**, 435 (1935); [15] ebenda **55**, 54 (1938); [16] ebenda **57**, 73 (1940). — LORENZ, L.: Beitr. Phys. fr. Atm. **22**, 123 (1935). — LOSSAGK, H.: Licht **6**, 126 (1936). — LOWRY, E. M.: J. opt. Soc. Amer. **21**, 132 (1931). — LUCKIESH, M.: Astrophys. J. **49**, 108 (1919). — LUCKIESH, M., u. F. K. MOSS: [1] J. Franklin Inst. **220** 431 (1935); [2] ebenda **227**, 87 (1939). — LUCKIESH, M., u. L. L. HOLLADAY: J. opt. Soc. Amer. **29**, 215 (1939). — LUNELUND, H.: Soc. Sci. Fennicae Comment. phys.-math. **2**, Nr 11 (1924).

MAHRT, W.: Erf.ber. Flugwetterd., 7. Folge Nr 5 (1932); Neudr. **3**, 127, 469 (1937). — MALLOCK, A.: Month. Weath. Rev. **48**, 22 (1920). — MALSCH, W.: Erf.ber. Flugwetterd., Neudr. **1**, 335 (1937). — MAMONTOWA, L., u. S. CHROMOV: Meteor. Z. **50**, 11 (1933). — MARGULES, M.: Meteor. Z. **34**, 241 (1906). — MARKETU, M.: Meteor. Z. **52**, 61 (1935). — MARTEN, W.: Veröff. Preuß. Meteorol. Inst. **1914**, Nr 279. — MAURER, J.: Meteor. Z. **33**, 168 (1916). — MECKE, R.: [1] Ann. Phys., Lpz. **65**, 257 (1921); [2] Meteor. Z. **56**, 369 (1939). — MECKE, R., u. F. ROSE: Photogr. u. Forsch. **1936**, 315. — MEIDINGER, H.: Verh. Naturwiss. Vereins Karlsruhe **11** (Karlsruhe 1896). — MEISSNRE, O.: Z. angew. Meteorol. **44**, 142 (1927). — MÉZIN, M.: La Météorologie **8**, 368 (1931). — MÉZIN, M., u. M. STRIFFLING: Mém. Off. Nat. Met. France Nr 28 (Paris 1937). — MEY, A.: Erf.ber. Flugwetterd. **9**, Nr 12, 61 (1934). — MIDDLETON, W. E. K.: [1] Visibility in Meteorology. Toronto: Univ. Press 1935; [2] Trans. roy. Soc. Canada, Sect. III **25**, 39 (1931); [3] ebenda **26**, 25 (1932); **29**, 127 (1936); [4] Meteor. Z. **51**, 425 (1934); [5] J. opt. Soc. Amer. **27**, 112 (1937); [6] Bull. Amer. meteorol. Soc. **17**, 365 (1936); [7] Gerlands Beitr. Geophys. **44**, 358 (1935); [8] Month. Weath. Rev. **63**, 17 (1935); [9] Quat. J. roy. meteorol. Soc. **61**, 411 (1935). — MIE, G.: Ann. Phys., Lpz. **25**, 377 (1908). — MILDNER, P., u. M. RÖTSCHKE: Meteor. Z. **53**, 326 (1935). — MILI, GJON: J. opt. Soc. Amer. **25**, 237 (1935). — MOHLER, N. M.: [1] J. opt. Soc. Amer. **26**, Nr 5, 219 (1936); [2] Bull. Amer. phys. Soc. **12**, 26 (1937); [3] Phys. Rev. **51**, Nr 11, 1017 (1937). — MONNIER, A.: Étude de l'efficacité des projecteurs au travers d'atmosphères non limpides. Paris: Sauvion et Lelièvre 1936. — MOON, P., u. R. C. WARRING: J. Franklin Inst. **219**, 285 (1935). — MOURASHKINSKY, B. E.: Phil. Mag. **46**, 29 (1923). — MÜGGE, R.: Meteor. Z. **48**, 1 (1931). — MÜLLER, G: Die Photometrie der Gestirne. Leipzig 1897. — MÜLLER, H.: Ann. Hydrogr., Berlin **67**, 70 (1939). — MÜLLER, C., H. THEISSING u. H. KIESSIG: Z. VDI **76**, 925 (1932). — MYRBACH, O.: Meteor. Z. **39** 61 (1922).

NAGEL, M., u. A. KLUGHARDT: Z. Instrumentenkde. **56**, 221, 495 (1936). — NEUBERGER, H.: Arch. dtsch. Seewarte **56**, Nr 6 (1936). — NICHOLAS, H. J. MC.:

J. Res. Nat. Bur. Stand. **17**, 955 (1936). — NIELSEN, R. A.: Terr. Magnet. **39**, 281 (1934). — NOTH, H.: Erf.ber. Flugwetterd., Sdbd. **2**, 64 (1932); Neudr. **3**, 183 (1937). — NOTH, H., u. H. RÜHL: Erf.ber. Flugwetterd. **7**, 35 (1932). — NUKIYAMA, D., u. A. KOBAYASI: Rep. Aer. Res. Inst. Tokyo Imp. Univ. **7**, 1, 307 (1932). — NUKIYAMA, D.: Rep. Aer. Res. Inst. Tokyo **8**, 61 (1933). — NURMINEN, A.: Ann. Acad. Sci. Fennicae A **45**, Nr 8 (1936). — NUTTING, P. G.: Nature, Lond. **93**, 480 (1914); [2] Trans. Illum. Engng. Soc. **11**, 939 (1916).

O'BRIEN, B., u. F. M. E. HOLMES: J. opt. Soc. Amer. **22**, 9 (1932). — OSTWALD, W., u. F. LINKE: Meteor. Z. **45**, 367 (1928). — OWENS, J. S.: [1] Nature, Lond. **114**, 330 (1924); [2] Phil. Mag. **2**, 1165 (1926); [3] Proc. roy. Soc., Lond. A **101**, 18 (1922).

PACE, H. L.: Quat. J. roy. meteorol. Soc. **56**, 78 (1930). — PALMÉN, E.: Beitr. Phys. fr. Atm. **17**, 102 (1931). — PATTERSON, H. S., u. R. W. GRAY: Proc. roy. Soc., Lond. A **113**, 312 (1927). — PENNDORF, R.: Meteor. Z. **54**, 348 (1937). — PEPPLER, A.: [1] Beitr. Phys. fr. Atm. **13**, 64 (1927); [2] Veröff. Bad. Landeswetterwarte Nr 6 (1927).— PEPPLER, W.: [1] Z. angew. Meteorol. **41**, 176 (1924); [2] ebenda **42**, 164 (1925); [3] ebenda **44**, 183, 211 (1927); [4] ebenda **46**, 311, 378 (1929); [5] ebenda **48**, 58, 373, 382 (1931); [6] ebenda **54**, 342 (1937); [7] Erf.ber. Flugwetterd. **1**, Nr 26; Neudr. **1**, 6 (1937); [8] Ann. Hydrogr., Berlin **62**, 49 (1934); [9] Meteor. Z. **38**, 18 (1921); [10] ebenda **40**, 358 (1923); [11] ebenda **48**, 382 (1931); [12] Beitr. Phys. fr. Atm. **24**, 260 (1938). — PERNTER, J. M., u. F. M. EXNER: Meteorol. Optik. 2. Aufl. Wien u. Leipzig 1922. — PETITJEAN, L., R. BEAULIEU u. P. GAMBERT: Mém. Off. Nat. Mét. France, Paris Nr 27, 69. — PFUND, A. H.: J. opt. Soc. Amer. **24**, 143 (1934). — PFUND, A. H., u. S. SILVERMANN: Phys. Rev. **39**, 64 (1932). — PIASKOWSKAJA, E. B.: Russ. Astrophys. J. **3**, 138 (1926). — PICK, W. H.: [1] Met. Off. London, Prof. Not. Nr 11, 1 (1920; [2] ebenda **3**, 219 (1925); [3] Meteorol. Mag. **57**, 251 (1922); [4] ebenda **63**, 114 (1928); [5] Quat. J. roy. meteorol. Soc. **56**, 183 (1930). — PICK, W. H., u. S. P. PETERS: [1] Quat. J. roy. meteorol. Soc. **50**, 53 (1924); [2] ebenda **57**, 412 (1931). — POHL, R. W.: Einführung in die Optik. Berlin 1940. — POKROWSKI, G. J.: Z. Phys. **60**, 850 (1930). — POLLAK, L. W.: Meteor. Z. **40**, 244 (1923). — POLLAK, L. W., u. H. WILHELM: Zeiß-Nachr., 2. Folge, Heft 1 (1939). — POLLAK, L. W., u. W. GERLICH: [1] Gerlands Beitr. Geophys. **35**, 55 (1932); [2] ebenda **37**, 271 (1932); [3] ebenda **40**, 244 (1933). — PORTER, L. C.: Trans. Illum. Engng. Soc. **22**, 1003 (1927). —·POULTER, R. M.: Quat. J. roy. meteorol. Soc. **63**, 31 (1937). — PRANDTL, L.: Abh. Ges. Wiss. Göttingen, Math.Phys. Kl. III, Heft 18 (1937). — PRIEST, I. G., u. F. G. BRICKWEDDE: J. opt. Soc. Amer. **28**, 133 (1938). — PRZYBYLLOK, E.: Ann. Hydrogr., Berlin **60**, 287 (1932). — PUMMERER, P. M.: Ann. Hydrogr., Berlin **57**, 186 (1929).

QUERVAIN, A. DE: Meteor. Z. **25**, 433 (1908).

RAO, A. A.: Ind. Met. Dep. Sci. Not. **5**, Nr 60, 141 (1933). — Lord RAYLEIGH: [1] Phil. Mag. **41**, 107 (1871); [2] ebenda **41**, 274 (1871); [3] ebenda **41**, 447 (1871); [4] ebenda **12**, 81 (1881); [5] ebenda **47**, 375 (1899); [6] ebenda **35**, 273 (1918); [7] Proc. roy. Soc., Lond. A **84**, 25 (1910); [8] ebenda **90**, 219 (1914). — RECK, H.: Naturwiss. **21**, 617 (1933). — REESE, H. M.: J. opt. Soc. Amer. **29**, 519 (1939.) — REGENER, E.: Z. phys. Chem. Abt. A, Haber-Bd., 416 (1928). — REIDAT, R.: Erf.ber. Flugwetterd. **7**, Nr 11, 105 (1932); Sdbd. **1**, 90. — REINBOLD, O.: Erf.ber. Flugwetterd. **3**, Nr 11 (1929). — REINICKE, G.: [1] Ann. Hydrogr., Berlin **44**, 329 (1916); [2] ebenda **45**, 416 (1917); **46**, 386 (1918). — REY, J.: De la portée des projecteurs de lumière électrique. Paris: Berger-Levrault 1915. — RICHARDSON, L. F.: Quat. J. roy. meteorol. Soc. **51**, 7 (1925). — RICHARZ, F.: [1] Sitzgsber. Ges. Naturwiss. Marburg **1915**, Nr 1; [2] ebenda **1917**, Nr 3. — RICHTER, N.: Astron. Nachr. **156**, Nr 6124, 77 (1935). — RIVIÈRE, J.:

Réun. Inst. Opt. **1932**, 128. — ROCARD, Y.: [1] Rev. Opt. **11**, 193, 257, 439 (1932); [2] ebenda **12**, 160, 204 (1933); [3] Étude sur la visibilité efficacité des projecteurs et des feux. Emploi des instruments d'observation. Paris 1934; [4] Réun. Inst. Opt. **1931**, 33. — ROCARD, Y., u. P. ROTHSCHILD: Rev. Opt. **6**, 353 (1927). — RODEWALD, M.: [1] Ann. Hydrogr.. Berlin **59**, 29 (1931); [2] ebenda **60**, 296 (1932); [3] ebenda **64**, 221 (1936); [4] ebenda **58**, 10 (1930); [5] ebenda **59**, 393 (1931); [6] ebenda **60**, 296, 362 (1932); [7] ebenda **64**, 221, 267 (1936); [8] ebenda **65**, 583 (1937). — ROUGIER, M. G.: C. R. Acad. Sci., Paris **195**, 363 (1932). — ROY, A. K.: Ind. Met. Dep., Sci. Not. **5**, Nr 47, 17 (1931). — RUDOLPH, A.: Phys. Z. **5**, 36 (1904). — RÜHLE, H.: Forsch.-Arb. Staatl. Obs. Danzig Nr 3 (1930). — RUNGE, J.: Phys. Z. **30**, 76 (1929). — RUSSEL, R. J., u. R. D. RUSSEL: Month. Weath. Rev. **62**, 162 (1934). — RUSSEL, F. A. R.: Quat. J. roy. meteorol. Soc. **23**, Nr 102 (1897). — RYDE, J. W.: Proc. roy. Soc., Lond. A **131**, 451 (1931).

SAMEC, M.: Sitzgsber. Akad. Wiss. Wien **1905**, 114. — SCHARONOW, W. W.: [1] C. R. Acad. Sci. URSS. **3**, Nr 7, 502 (1934); [2] ebenda **4**, Nr 3, 131 (1936). — SCHEDLER, A.: [1] Beitr. Phys. fr. Atm. **7**, 88 (1915); [2] ebenda **9**, 179 (1921). — SCHERESCHEWSKY, PH.: Nature, Paris **64**, 289 (1936). — SCHERING, H.: Phys. Z. **22**, 71 (1921). — SCHERHAG, R.: Ann. Hydrogr., Berlin **66**, 257 (1938). — SCHJELDERUP, H. K.: Z. Psychol. **51**, 176 (1920). — SCHINDLER, G.: Ann. Hydrogr., Berlin **67**, 194 (1939). — SCHOBER, H.: Meteor. Z. **51**, 233 (1934). — SCHOENBERG, E.: Theoretische Photometrie. Handb. d. Astrophysik, herausgeg. v. G. EBERHARD, A. KOHLSCHÜTTER, H. LUDENDORFF. Bd. **II**, 1. H., 2. T. (Berlin 1929). Erg.-Bd. **VII** (Berlin 1936). — SCHOENBERG, E., u. B. JUNG: Astron. Nachr. **253**, Nr 6062, 261 (1934). — SCHÖNWALD, B.: Das Licht **9**, 197 (1939); **10**, 185 (1940). — Z. Instrumentenkde **60**, 348 (1940). — SCHOLL, J. C.: Month. Weath. Rev. **62**, 453 (1934). — SCHMAUSS, A., u. A. WIGAND: Die Atmosphäre als Kolloid. Hamburg 1929. — SCHMAUSS, A.: Meteor. Z. **38**, 225 (1921). — SCHMIDT, A.: Meteor. Z. **38**, 50, 180 (1921). — SCHREIBER, K.: [1] Erf.ber. Flugwetterd. **6**, Nr 5 (1930); Neudr. **1**, 229 (1937); [2] ebenda Sdbd. **3**, 83; Neudr. **3**, 406 (1937). — SCHROEDINGER, E.: Ann. Phys., Lpz. **63**, 481 (1920). — SCHULTHEISS, DR.: Meteor. Z. **13**, 445 (1896). — SCHUSTER, A.: Astrophys. J. **21**, 1 (1905). — SEBASTIAN, H.: [1] Gerlands Beitr. Geophys. **45**, 34 (1935); [2] ebenda **46**, 152 (1935). — SELWAY, W.: Quat. J. roy. meteorol. Soc. **57**, 92 (1931). — SEMMELHACK, W.: [1] Ann. Hydrogr., Berlin **60**, 123, 216 (1932); [2] ebenda **62**, 273 (1934); [3] Meteor. Z. **30**, 448 (1913). — SIEDENTOPF, H.: Z. Astrophys. **14**, 293 (1937). — SIEDENTOPF, H.: Z. Instrumentenkde **60**, 348 (1940). — SIL, J. M.: Terr. Magnet. **43**, 139 (1938). — SILBERSTEIN, L.: J. opt. Soc. Amer. **29**, 67 (1939). — SIMON, A. W.: Rev. Sci. Instr. **2**, 67 (1931). — SHALLENBERGER, G. D., u. E. M. LITTLE: [1] Phys. Rev. **49**, Nr 5, 413 (1936); [2] J. opt. Soc. Amer. **30**, 168 (1940). — SHAW, N., u. J. S. OWENS: The smoke problem of great cities. London: Constable a. Co., Ltd. 1925. — SMITH, D. E.: Meteorol. Mag. **72**, 83 (1937). — SMOLUCHOWSKI, M. v.: Ann. Phys., Lpz. **21**, 756 (1906). — SPÄTH, W.: [1] Ann. Hydrogr., Berlin **48**, 434 (1920); [2] Z. angew. Meteorol. (Wetter) **36**, 168 (1919). — SPENCE, M. T.: Quat. J. roy. meteorol. Soc. **57**, Nr 238, 71 (1931). — STANGE, R.: Veröff. Geophys. Inst. Leipzig **8**, Heft 5 (1937). — STEINHAUSER, F.: Gerlands Beitr. Geophys. **42**, 110 (1934). — STEINHÄUSSER, H.: [1] Gerlands Beitr. Geophys. **41**, 103 (1934); [2] Beitr. Phys. fr. Atm. **20**, 234 (1933). — STILES, W. S.: Illum. Engr., Lond. **1935**, 125. — STOECKER, E.: Gerlands Beitr. Geophys. **40**, 75 (1933). — STOYE, K.: Meteor. Z. **44**, 151 (1927). — STRATTON, J. A., u. H. G. HOUGHTON: Phys. Rev. **38**, 159 (1931). — STRÖBLE, W.: Mitt. Opt. Inst. T. H. Berlin 1937. Dissert. Berlin 1936. — STUCHTEY, K.: Meteor. Z. **31**, 15, 351 (1914). — STUCHTEY, K., u. A. WEGENER: Nachr. Ges. Wiss. Göttingen **1911**, 209. — STÜVE, G.: Thermodynamik der Atmosphäre. Handb. Geophys. v. B. GUTENBERG **9**.

Lief. 2. Berlin 1937. — Stüve, G., u. R. Mügge: Beitr. Phys. fr. Atm. **22**, 206 (1935). — Süring, R.: Denkschr. 1. Intern. Luftschiff.-Ausst. Frankfurt a. M. 1909. — Strehl, K.: Theorie des Fernrohres auf Grund der Beugung des Lichts. Leipzig 1894. —Ströblè, W., Licht **9**, 121, 147, 167, 202 (1939). — Stutz, G. F. A.: J. Franklin Inst. **210**, 67 (1930).

Taylor, W. G. A.: J. sci. Instrum. **15**, 5 (1938). — Tetens, O.: Meteorol. Z. **37**, 348 (1920). — Teucher, R.: Phys. Z. **40**, 90 (1939). — Thomas, M. J.: Meteorol. Mag. **62**, 179 (1927). — Thomson, W. A.: Canad. J. Res. **4**, 559 (1931). — Tolman, R. C.: [1] J. Amer. chem. Soc. **41**, 300 (1919); [2] ebenda **41**, 575 (1919). — Trabert, W.: Meteor. Z. **18**, 518 (1901). — Tschermak, A.: Handb. norm. u. pathol. Physiol. **12**, 1; Rezeptionsorgane II, 295—584. Berlin: Julius Springer 1929. — Tschierske, H.: [1] Veröff. Öffentl. Wetterdienstst. Breslau-Krietern **1934**, Nr 36; [2] Z. angew. Meteorol. **49**, 307 (1932).

Väisälä, V.: Soc. Sci. Fennicae Comment. phys.-math. **2**, 18 (1924). — Wadsworth, J.: [1] Met. Off. London, Geophys. Mem. **6**, 51 (1930); [2] ebenda, Prof. Not. **3**, Nr 26, 56 (1921). — Wagner, A.: Sitzgsber. Akad. Wiss. Wien, Abt. IIa, Dez. 1908. — Walsh, J. W. T.: Photometry. London 1926. — Watson, P. D., u. A. L. Kibler: J. phys. Chem. **35**, 1074 (1931). — Weaver, K. S.: J. opt. Soc. Amer. **27**, 36 (1937). — Weber, L.: [1] Ann. Phys., Lpz. **51**, 427 (1916); [2] Schrift. Naturw. Ver. Schleswig-Holstein **25**, 155. — Webb, C. G.: Phil. Mag. **19**, 927 (1935). — Wegener, K.: [1] Ann. Hydrogr., Berlin **50**, 209 (1922); [2] Meteor. Z. **55**, 133 (1938). — Wegener, K., u. H. Trojer: Ann. Hydrogr., Berlin **67**, 424 (1939). — Weigel, R. G., u. O. H. Knoll: Das Licht **10**, 179 (1940). — Weiss, E.: [1] Sitzgsber. Akad. Wiss. Wien, Abt. IIa **120**, 1021 (1911); [2] Phys. Z. **12**, 202 (1911). — Wellmann, P.: Dtsch. Meteorol. Jahrbuch, Veröff. Meteorol. Obs. Aachen 1930/32, Nr 5, 57 (1933). — Wenstrom, W. H.: Month. Weath. Rev. **65**, 326 (1937). — Wexler, H.: [1] Bull. Amer. Meteorol. Soc. **17**, 303 (1936); [2] Trans. Amer. Geophys. Union Washington **1933**, 91. — Whipple, F. J. W.: Quat. J. roy. meteorol. Soc. **48**, 85 (1922). — Whytlaw-Gray, R., u. H. S. Patterson: Smoke, A study of aerial disperse systems. London 1932. — Whytlaw-Gray, R.: Trans. Faraday Soc. **32**, 1042 (1936). — Wiener, C.: Nova Acta K. Leop. Carol. Akad. Naturf. Halle **73**, 1 (1900); **91**, 1 (1909). — Wigand, A.: [1] Ann. Phys., Lpz. **59**, 689 (1919); [2] Phys. Z. **20**, 151 (1919); [3] ebenda **22**, 484 (1921); [4] ebenda **23**, 277 (1922); [5] ebenda **25**, 212 (1924); [6] Z. Instrumentenkde. **45**, 411 (1925); [7] Gerlands Beitr. Geophys. **17**, 348 (1927); [8] Erf.ber. Flugwetterd., Neudr. **3**, 320 (1937). — Wild, H.: Pogg. Ann. **134**, 568 (1868); [2] ebenda **135**, 99 (1868); [3] Meteor. Z. **18**, 476 (1901). — Willett, H. C.: [1] U. S. Month. Weath. Rev. **56**, 435 (1928); [2] Amer. air mass properties, Pap. Phys. Ocean. a. Meteorol. Mass. Inst. Technol. a. Woodshole Ocean Inst. **2**, 2 (1933). — Wilski, P.: Die Durchsichtigkeit der Luft über dem Ägäischen Meere nach Beobachtungen der Fernsicht von der Insel Thera aus. Dissert. Rostock 1902. — Wirtz, C.: [1] Ann. Hydrogr., Berlin **63**, 442 (1935); [2] ebenda **64**, 33 (1936). — Wolf, M.: Meteor. Z. **33**, 517 (1916). — Wolff, M.: Elektrotechn. Z. **56**, 319 (1935). — Wolff, H.: Über eine neue photoelektrische Methode der Nachthimmeluntersuchung. Dissert. Braunschweig 1938. — Wood, R. W.: [1] Phil. Mag. **39**, 423 (1920); [2] ebenda **36**, 272 (1918). — Wright, H. L.: [1] Proc. phys. Soc., Lond. **48**, 675 (1936); [2] Quat. J. roy. meteorol. Soc. **61**, Nr 258, 71 (1935); [3] Met. Off. London, Geophys. Mem. **6**, Nr 57, (1922); [4] Quat. J. roy. meteorol. Soc. **66**, 66, Nr 284 (1940). — Wünschmann, F.: Terrestr. Extinktion. Handb. Phys. Optik, hrsg. v. E. Gehrcke, **1**, 1. Hälfte, 305ff. Leipzig 1926. — Wulf, O. R.: J. opt. Soc. Amer. **25**, 231 (1935). — Zinner, E.: [1] Z. Psychol. **61**, 247 (1930/31); [2] Probleme der Astronomie. Festschrift für Hugo v. Seeliger. S. 354. 1924.

Sachverzeichnis.

Seitenangaben, welche sich auf eingehendere Darstellungen über den genannten Gegenstand beziehen, sind durch fette Ziffern gekennzeichnet; Text, welcher auf Tabellen oder Abbildungen Bezug nimmt, ist durch * hervorgehoben.